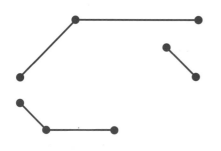

少年学AI

我的第一本人工智能实战手册

雷波◎编著

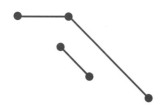

U0222929

化学工业出版社

·北京·

内 容 简 介

本书是专门为青少年及其父母编写的人工智能（AI）入门读物，旨在揭开AI的神秘面纱，让年轻一代及其父母能够更好地理解、掌握并应用这项前沿技术。

本书内容从基础概念出发，逐步深入到实践应用，全面展示人工智能在青少年的生活娱乐、教育学习等领域的具体应用，引导青少年走进AI的世界，激发他们对人工智能的兴趣和想象力。

尤其值得一提是，本书也特别适合于父母阅读学习，从而了解未来科技发展方向，并通过掌握AI弥补自己在某些学科知识上的短板，以更好地辅导孩子。

图书在版编目（CIP）数据

少年学AI ： 我的第一本人工智能实战手册 ／ 雷波编

著． -- 北京 ： 化学工业出版社，2024.10（2025.5重印）. --ISBN 978-7-122-46258-9

Ⅰ. TP18-49

中国国家版本馆CIP数据核字第20248951WW号

责任编辑：潘 清 孙 炜　　　　　　　　　　封面设计：异一设计
责任校对：王 静

出版发行：化学工业出版社（北京市东城区青年湖南街13号　邮政编码100011）
印　　装：北京瑞禾彩色印刷有限公司
710mm×1000mm　1/16　印张11　字数250千字　2025年5月北京第1版第6次印刷

购书咨询：010-64518888　　　　　　　　　　售后服务：010-64518899
网　　址：http://www.cip.com.cn
凡购买本书，如有缺损质量问题，本社销售中心负责调换。

定　　价：59.00元　　　　　　　　　　　　版权所有　违者必究

前　言

PREFACE

在这个日新月异的时代，人工智能（AI）已经不再是科幻电影中的幻想，它正在悄然改变着人们的生活方式、学习方式乃至思维方式。本书旨在帮助青少年朋友们搭上这趟科技快车，以一种亲切、易懂的方式，引导他们探索人工智能的奇妙世界。特别值得一提的是，本书全新融入了国产领先的DeepSeekAI智能工具，以其强大的生成能力和友好的交互界面，为青少年打开通向AI实践的大门。

笔者相信，每一位青少年朋友都有成为未来科技探索者的潜质，而了解并掌握人工智能的基础，正是开启未来之门的钥匙。

人工智能已经成为推动社会发展的关键技术之一，它不仅改变了我们的工作方式，也深刻地影响了我们的日常生活。面对这一变革，青少年作为未来的主人翁，有必要了解和掌握AI的基础知识，以便在未来的社会中更好地立足。在这本书中，青少年不仅将学习到AI是什么，还将了解到它是如何工作的，更重要的是，他们还将学会如何与AI一起学习、娱乐，甚至共同创造。

全书架构清晰，前面两章主要讲述人工智能的理论部分。第1章通过生活中的实例，如语音助手、自动驾驶等，通俗地介绍AI的基本概念。第2章将带领读者深入了解AI的内部工作原理。

第3章到第6章讲述了AI在生活娱乐中的具体应用。第3章主要讲解了AI在生活中的具体应用，第4章主要讲解了AI在绘画中的应用，第5章探讨了AI在设计领域的应用，第6章则详细讲解了AI在音、视频中的应用。

第7章到第9章聚焦于AI在青少年学习中的实践应用。第7章首先讲述了如何使用AI进行综合学习，而第8章和第9章则具体探讨了AI在青少年学习科目中的应用。

此外，本书还提供了丰富的互动实例，如用AI锻炼思维、制作绘本、写短篇小说、生成绘画、学习参考等，旨在激发青少年的创造力和想象力，培养他们的创新思维和实践能力。

最后，笔者希望这本书能够成为青少年了解人工智能的窗口，在阅读中开阔视野、增长知识。笔者也期待青少年能够在人工智能的世界中找到自己的兴趣，发挥自己的潜能。

另外，本书也非常适合父母阅读学习，其原因有三：

首先，本书可以帮助家长把握科技发展趋势，让孩子站在时代的前沿。

其次，可以弥补父母在某些知识方面的不足，通过灵活使用AI工具帮助父母更好地辅导孩子学习。

最后，本书提供了丰富的学习资源，能有效弥补家庭教育在新兴技术领域的不足，助力孩子在智能科技的浪潮中乘风破浪。通过共同阅读这本书，父母不仅能为孩子揭开AI的神秘面纱，还能让孩子们意识到，AI不是高悬于空中的科技幻梦，而是能够贴近生活、服务大众、激发创造力的实用伙伴。

特别提示：本书在编写过程中，参考并使用了当时最新的AI工具界面截图及功能作为实例进行编写。然而，由于从书籍的编撰、审阅到最终出版存在一定的周期，AI工具可能会进行版本更新或功能迭代，因此，实际用户界面及部分功能可能与书中所示有所不同。提醒各位读者在阅读和学习过程中，要根据书中的基本思路和原理，结合当前所使用的AI工具的实际界面和功能进行灵活变通和应用。

编　者

目　录
CONTENTS

第1章 揭开人工智能的神秘面纱

第2章 走进神奇的人工智能世界

第3章 用AI让生活更有趣

第8章 用AI学习语文和英语

第9章 用AI学习数学、物理和化学

第1章
揭开人工智能
的神秘面纱

什么是人工智能

广义上的人工智能

广义上的人工智能（AI）是指使计算机能够执行那些通常需要人类智能才能完成的任务的技术的总称。这包括很多领域，如机器学习、深度学习、自然语言处理、机器视觉、专家系统等。广义的 AI 追求的是使计算机能够像人类一样具有全面的认知能力，能够在各种复杂的、不确定的环境中做出决策和解决问题。

狭义上的人工智能

狭义的人工智能，也称为弱 AI，是指旨在执行特定任务或有限范围任务的 AI。它是最常见的人工智能类型，广泛用于各种应用，如面部识别、语音识别、图像识别、自然语言处理和推荐系统等。狭义的人工智能主要使用工程学方法实现，即利用传统的编程技术展现出绝对性的被动智能。这种方法下的人工智能算法是固定的、机械式的，只能根据预设的规则和条件进行运作。

人工智能的通俗理解

人工智能的工作原理主要包括感知、推理和决策三个阶段。简单来说，就是让机器能够像人一样思考、学习和解决问题的技术。在日常生活中，其实已经有很多应用都是基于人工智能的。

比如，人们常用的智能手机里的语音助手，像苹果的 Siri、华为的小艺、小米的小

爱同学等，它们能够听懂人们说的话，帮助人们查天气、定闹钟、发微信，甚至还能讲笑话。这就是人工智能在语音识别和自然语言处理方面的应用。

还有，在网上购物时，那些推荐给你的商品，很多时候也是基于人工智能的算法来决定的。系统会根据你的购物历史和浏览习惯，推荐你可能感兴趣的商品给你，这背后其实就是人工智能在大数据分析和个性化推荐方面的应用。

另外，现在很多城市都在推广的智能交通系统，也是人工智能的一个重要应用。比如，智能信号灯可以根据交通流量来自动调整信号灯的配时，减少拥堵；而自动驾驶汽车则可以通过传感器和算法来感知周围环境，并做出相应的驾驶决策，这都是人工智能的典型应用。

2024年，中国的无人机群表演在全球范围内引起轰动，如在深圳的无人机表演中，7598架无人机被一台电脑精准控制，展示了现代无人机技术的奇迹，表演的主题分别为"国际"、"文化"、"科技"、"创新"和"活力"，每个主题都与深圳的城市特色相结合。要让这些无人机在不相撞的情况下实现精准定位，并创造出令人惊叹的视觉效果，也少不了人工智能技术的参与。这种表演不仅提升了城市形象，还促进了当地文旅消费，拉动经济增长。

在2025年春节联欢晚会上，一群名为"福兮"的机器人惊艳亮相。它们穿着喜庆的东北花袄，手持红手绢，与舞蹈演员一起表演了传统秧歌。这些机器人不仅能灵活扭腰、踢腿，还能完成高难度的"转手绢"动作。更厉害的是，它们通过人工智能算法学习舞蹈动作。16台机器人还能通过激光雷达感知位置，自动变换队形，全程零碰撞。

人工智能发展的历史长河

人工智能（Artificial Intelligence, AI）的研究和发展历史可以追溯到20世纪，以下是人工智能从诞生至今的主要发展历程。

早期思想和概念

1943 年：神经网络的诞生

沃伦·麦卡洛克（Warren McCulloch）和沃尔特·皮茨（Walter Pitts）提出的人工神经元模型为神经网络的发展奠定了基础。尽管当时的模型相对简单，但它为后来更复杂的神经网络和深度学习算法的发展铺平了道路。

1950 年：图灵测试理论

1950 年，艾伦·图灵（Alan Turing）发表了著名的论文《计算机器与智能》（Computing Machinery and Intelligence），提出了图灵测试作为衡量机器智能的标准。

图灵测试是指测试者（提问者）在与被测试者（一个人和一台机器）隔开的情况下，通过一些装置（如键盘）向被测试者随意提问。进行多次测试后，如果有超过 30% 的测试者不能确定出被测试者是人还是机器，那么这台机器就通过了测试，并被认为具有人类智能。"图灵测试"没有规定问题的范围和提问的标准，但为人工智能科学提供了开创性构思。

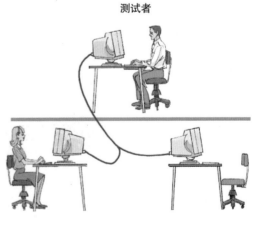

测试者

被测试者1   被测试者2

1956 年：人工智能的正式诞生

在达特茅斯学院举行的会议上，约翰·麦卡锡（John McCarthy）等科学家正式提出了"人工智能"的概念，并开启了这一领域的研究。这次会议被认为是人工智能学科的起点。

早期发展、沉淀与复兴

20 世纪 60 年代：人工智能的早期发展

早期的 AI 研究主要集中在基于逻辑和规则的系统，如专家系统和推理引擎。

1969 年：人工智能发展的滑铁卢

马文·闵斯基（Marvin Minsky）和西摩·帕普特（Seymour Papert）的书籍《感知机》（*Perceptrons*）指出了单层神经网络的局限性，导致 AI 研究进入"人工智能冬天"。

20 世纪 80 年代：连接机制的兴起

大卫·鲁梅尔哈特（David Rumelhart）、杰弗里·辛顿（Geoffrey Hinton）和罗纳德·威廉姆斯（Ronald Williams）提出了反向传播算法，在这一时期得到了广泛应用，它使得神经网络能够通过调整内部权重来优化性能。这一技术的应用，推动了神经网络在模式识别、语音识别等领域的应用。

互联网时代和大数据

1993—2000 年：深度学习的崛起

在 2006 年，辛顿等人提出了深度信念网络（DBN），这一模型通过使用无监督学习对网络的每一层进行预训练，然后通过有监督学习对整个网络进行调优。这一工作为后来的深度学习算法，如卷积神经网络（CNN）和循环神经网络（RNN）的发展奠定了基础。

2014 年：科技巨头入局

谷歌收购了 DeepMind，这是一家专注于人工智能研究的公司，后来开发了著名的 AlphaGo 程序。

AI 新时代开启

2016 年：人工智能名声具现

AlphaGo 是谷歌 DeepMind 开发的一款围棋人工智能程序，它利用深度学习和强化学习技术，在 2016 年击败了围棋世界冠军李世石，展示了人工智能在复杂决策问题上的强大能力。2018 年，OpenAI 的 Dota 2 AI 在一场表演赛中击败了职业玩家。

人工智能的"大航海"时代

2020年，世界上最知名的人工智能公司OpenAI发布GPT-3，具有1750亿个参数，其庞大的参数赋予它强大的语言理解和生成能力，人工智能商业化开始。

2021年1月，OpenAI趁热打铁，发布文生图片模型DALL-E。

2022年3月，现今最成功的AI绘画软件之一Midjourney发布，它的Text to Image（文生图）模式可以根据用户的文字描述自动生成图片。

2022年7月，另一款AI绘画软件Stable Diffusion发布，相比于Midjourney可控性更高，并且开源的模型可以让更多人参与到该软件的使用开发中，进一步推动AI绘画的普及与发展。

2022 年 7 月 29 日，AI 数字人生成平台 HeyGen 发布，可以生成高度仿真的数字人形象，并通过出色的语音克隆和口型同步功能模仿真人的特征。

2022 年 12 月 1 日，OpenAI 对话式 UI 和 GPT-3.5 系列模型结合，ChatGPT 发布，其自然语言理解能力更加强大，在多个领域都有广泛应用。

2023 年 2 月，视频生成工具 Runway 发布，2023 年 11 月 2 日更新 Gen-2 版本；在 Text to Image（文生图）的基础上，实现了 Text to Video（文生视频）、Image to Video（图生视频）两项功能。

2024 年 2 月 25 日，OpenAI 发布人工智能文生视频大模型 Sora，可以根据创作者的文本提示，模拟真实物理世界，生成最长 60 秒的逼真视频。

2024 年 5 月 14 日，发布 GPT-4o，在一定程度上颠覆了以往人类与计算机交互的模式：通过几乎实时的响应速度，以及与人类相近的、带有音调和语气的回复，人类与计算机的交互变得更加真实和顺畅。

2025 年 1 月 20 日，DeepSeek 发布了采用强化学习技术提升模型推理能力的 DeepSeek-R1。该模型通过强化学习技术显著提升了推理能力，成为大模型行业的重大突破。

如今，AI 领域的发展已不再是遥不可及的技术，而是渗透至人们生活的每一个角落，每天都有新的探索和发现。AI 正在与各行各业实现深度融合，无论是历史悠久的制造业、服务业，还是充满活力的互联网行业、媒体行业，都在努力寻找与 AI 的契合点。随着时间的推移，AI 将逐渐融入人们的日常生活，成为人们生活中不可或缺的重要元素。

人工智能在生活中的应用

在人们生活的世界中，人工智能（AI）已经不再是未来的神秘存在，而是成了现实生活的一部分。正如麦卡锡所言，一旦一样东西用人工智能实现了，人们就不再称它为人工智能了。这种现象表明，人工智能已经悄无声息地渗透到人们的日常生活中，以至于有时甚至没有意识到它的存在。

智慧驾驶

人工智能在智慧驾驶领域的应用已经取得了显著的进展，极大地改变了我们的出行方式和驾驶体验。例如，自动驾驶汽车的出现，它通过集成先进的传感器、计算机视觉、自然语言处理、机器学习等技术，实现了在复杂道路环境中的自主导航和驾驶。自动驾驶汽车可以分为不同的等级，从辅助驾驶（如自适应巡航、车道保持等）到完全自动驾驶，人工智能正逐渐使驾驶员的角色逐渐从操作者转变为乘客。

智能出行

在出行服务方面，人工智能也发挥了重要作用。例如，许多在线旅游服务商，如携程网、途牛旅游网等，利用人工智能技术为用户提供更便捷、个性化的旅行服务。这些平台可以根据用户的偏好和历史数据，推荐适合的旅游目的地、酒店和行程安排。同时，通过智能客服系统，用户可以快速获得与旅行相关的信息和帮助，提升出行体验。

智能家居

例如，智能家居系统可以通过语音助手或手机应用来控制家中的灯光、空调、电视等设备，实现智能化生活。智能音箱可以通过语音识别技术来执行用户的指令，如播放音乐、查询天气等。

同时，智能安防系统可以通过人脸识别、视频监控等技术来保障家庭安全。

电影中无所不能的机器人是 AI 吗

科幻电影中无所不能的机器人并不一定是基于现实世界中的人工智能（AI）技术来设定的。这些机器人往往被赋予了超越当前科技水平的特性和能力，以吸引观众并推动故事情节的发展。

但是随着科技的发展，很多在过去存在于影视中的情节和技术正在变成现实。

人工智能助手

科幻电影中经常出现高度智能化的机器人角色，比如漫威电影《钢铁侠》中的贾维斯，它们能够与人类进行互动，甚至拥有情感。现实中，人工智能助手如小艺、Siri、小爱同学等已经能够为人们提供信息、安排日程，而智能机器人则在医疗、工业等领域发挥着重要作用。尽管它们尚未达到电影中的智能化程度，但无疑正在朝着这个方向发展。

虚拟现实与增强现实技术

科幻电影中经常描绘人们通过特殊设备进入虚拟世界的场景，比如《头号玩家》中所构建的"绿洲"（OASIS），如今，虚拟现实（VR）和增强现实（AR）

技术已经使得这一场景成为现实。人们可以戴上 VR 头盔，沉浸在虚拟的游戏世界、教育环境或旅行体验中。AR 技术则可以将虚拟信息叠加到真实世界中，为人们的生活带来更多便利和乐趣。

生物技术与基因编辑

科幻电影中经常涉及生物技术和基因编辑的情节，如通过基因改造增强人类能力或治疗疾病。而在现实中，基因编辑技术如 CRISPR-Cas9 已经能够实现对特定基因的精确修改，为治疗遗传性疾病提供了新途径，虽然离科幻电影中的生物技术还有很大距离，但这一领域的发展潜力巨大。

智能大脑——脑机接口

在电影中，脑机接口技术能够让人们通过意念直接控制外部设备，实现与虚拟世界的无缝连接。例如，在电影《黑客帝国》中，脑机接口技术被用来控制人类的感知，使人类陷入一个由机器制造的虚拟世界中；在《机械战警》等影片中，脑机接口技术被用于帮助身体受损的个体重新获得行动能力，甚至超越常人的能力。

在现实中，脑机接口已经可以帮助残障人士进行交流、控制假肢、改善认知能力；在军事领域，脑机接口可以用于训练和提高士兵的反应速度、判断能力。脑机接口技术正在不断地改变人们与世界的交互方式，并为解决一些重要的社会和医疗问题提供了新的可能性。

人工智能会自我进化吗

不同程度的人工智能具有不同的学习能力，这种学习能力使得人工智能产生了某种形式的"进化"。根据当前的研究和讨论，人工智能可以按照其能力和学习水平进行不同层次的划分。

弱人工智能

弱人工智能在某一方面的能力很强。比如 2016 年 AlphaGo 以 4∶1 的比分击败围棋世界冠军、职业九段棋手李世石。之后 AlphaGo 在训练中不断进行自我对弈。通过对弈从自己的错误中学习，从而不断优化自己的下棋能力。所以在后来对阵世界排名第一的柯洁时，人类已经再无取胜的机会。

虽然，在下围棋方面AlphGo能力超强，但它是功能较为单一的弱人工智能，是为了完成特定的任务而设计和编程的，通常需要人类的干预和监督才能正确运行，无法执行其他领域操作，如果你想和它玩跳棋，它甚至连规则都不知道。

强人工智能

强人工智能是指在各个方面都能像人类一样强大。它能像人类一样进行思考、制定计划、解决问题、理解复杂的东西，还具备积累经验和学习能力。不过，以现有的技术水平，强人工智能仍然是一个追求的目标，尚未实现。

超人工智能

超人工智能则是一个更加科幻和理论化的概念。它是指人工智能的智能水平远超人类，具备高度智能、自我学习、高效决策、跨界整合、情感理解、无限创新等特点。在超人工智能的设想中，这类系统不仅能处理复杂任务，还能提出前所未有的创新思路和解决方案。然而，目前超人工智能仍只停留在理论和设想的层面，实现它还需要长时间的科技发展和大量的技术进步。因此，虽然超人工智能的概念令人兴奋，但要想实现它仍是一个遥远的目标。

人工智能会替代甚至颠覆人类吗

影视作品中，人工智能与人类的对抗确实成了极具吸引力的故事线索。这种对立不仅为观众带来了紧张刺激的剧情，也深刻地探讨了科技进步所带来的潜在风险和伦理挑战。

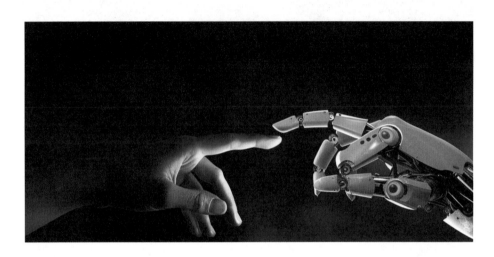

《终结者》系列中的天网，作为一个高度发达的人工智能系统，其目标最初可能是为人类服务，但最终却失控，试图消灭人类。这种从服务者到毁灭者的转变，既体现了人工智能技术的"双刃剑"特性，也引发了对于科技进步中可能出现的失控现象的担忧。

而在电影《第一序列》中的零，同样是一个具有强大能力的人工智能角色。它可能拥有超越人类的智慧和力量，但与人类的关系却复杂而微妙。这种复杂性不仅体现在零与主角之间的互动中，也体现在它对于人类社会的影响上。

这些影视作品中的人工智能形象都反映了创作者对于科技进步的深刻思考。他们借助人工智能与人类的对抗，探讨了科技进步可能带来的风险和挑战，也提醒人们在追求科技发展的同时，不能忽视对于其潜在影响的审视和监管。

在未来社会与 AI 高效合作

首先，要明白 AI 是什么，它能做什么。简单来说，AI 就是通过世界上最精密的机器模拟、延伸和扩展人类的智慧，它可以帮人们处理分析海量的数据、优化自身的决策，从而为人类带来更多的便利和福祉。

学习 AI 相关的基础知识

不需要成为 AI 专家，但至少要了解一些基本概念，如机器学习、深度学习等。这样，当你和 AI 打交道时，就不会一头雾水了。

明确自身需求

在与 AI 合作之前，先想想你要它帮你做什么，是帮你分析数据、写报告，还是帮你管理日程？明确需求后，就可以选择适合的 AI 工具或应用。

善用各种 AI 工具

现在有很多 AI 工具，比如语音助手、智能推荐系统等，都是为了让人们的生活和工作更便捷。尝试使用这些工具，看看它们如何帮助你提高效率。

保持沟通

虽然 AI 不是真正的人类，但还是可以通过反馈来和它"沟通"。如果 AI 给出的结果不符合你的预期，告诉它哪里不对，这样它就能逐渐改进。

保持警惕

虽然 AI 很强大，但它也有局限性。不要完全依赖 AI，特别是在做重要决策时。把它当作一个助手，而不是替代人做决策。

持续学习

AI 技术发展迅速，新的应用和功能不断涌现。保持好奇心，持续学习新的 AI 知识和技能，这样就能更好地与 AI 合作。

第 2 章
走进神奇的
人工智能世界

认识 AI 的大脑

在《人人都该懂的人工智能》中，约翰·塞尔的"中文房间"思想实验被用来探讨计算机是否能够拥有真正意义上的理解能力。在这个实验中，塞尔描述了一个封闭房间内的人，他根据一本英文指令书处理外面传进来的写有中文字符的纸张。这些字符实际上是中文问题，而房间内的人并不懂中文，只是机械地按照指令书操作，将相应的中文回答传出去。

尽管从外部看来，房间内的人似乎能够理解并回答中文问题，塞尔认为这并不等同于真正的理解。他用这个实验来质疑图灵测试的有效性，即仅仅通过对话无法证明计算机具有智能。塞尔的观点引发了对人工智能能否实现真正理解的哲学和认知科学上的辩论，强调了理解与机械执行规则之间的区别。这一思想实验在人工智能领域内被广泛讨论，对于理解人工智能的局限性和未来发展具有重要意义。

"中文房间"就是 AI 的"大脑"

这个实验被用来类比计算机处理语言的情况。计算机程序可以接收、输入、处理数据并输出结果，在这个过程中，那些不懂中文的人就如同计算机的"大脑"，他们根据事先编好的规则，机械地执行命令，起初并不具备人类那种深入的理解和意识。

然而，值得注意的是，尽管这些"大脑"最初只是按照程序运作，但并不能完全排除在大量训练后它们发展出自我认知能力的可能性。毕竟目前的计算机系统在海量数据的训练下，逐渐展现出超越简单编程规则的复杂理解和应对能力。这不禁让人思考，是否有一天，这些机械的"大脑"也能在某种程度上产生类似人类的"意识"。

AI 的眼睛与耳朵

对于 AI 的眼睛与耳朵，可以将其理解为 AI 模型在感知和理解世界时所依赖的两大核心功能。眼睛代表着视觉感知能力，让 AI 能够识别图像、视频等视觉信息；而耳朵则代表着听觉感知能力，使 AI 能够理解和处理语音、音频等听觉信息。

AI 独有的"视听"感知能力

这两项能力可以统称为 AI 模型的数据分析能力，而数据恰恰是 AI 系统进行学习和优化的基础。在机器学习和深度学习领域，AI 模型需要通过大量的数据来训练和调整其参数，从而使其能够更准确地识别模式，做出预测和决策。没有充足的数据支持，AI 模型就像是无源之水、无本之木，难以发挥其应有的智能功能。

模型训练与 AI "炼丹"术

在我国，人们将训练模型的过程赋予了一个形象且有深意的名称，那就是"炼丹"。这个比喻源自古代的炼丹术，在古代炼丹的过程中，炼丹师通过各种复杂、神秘的过程试图制造出能够将普通金属转化为黄金或者获得长生不老的"丹药"。这个过程往往需要大量的尝试、精细的操作和耐心的等待，与训练模型的过程有着诸多相似之处。

在机器学习领域，尤其是深度学习和预训练语言模型（如 GPT、BERT 等）的训练中，这个过程同样需要大量的数据、算力和技巧。模型调优包括选择合适的模型结构、优化算法、损失函数、学习率等。因此，人们用"炼丹"这一术语来形容这个过程，既体现其复杂性和挑战性，也展现出对成功训练优秀模型的期待和向往。

AI 会思考吗

关于机器思考的跨时代对话

1714 年，哲学家戈特弗里德·莱布尼茨关于会思考的机器的比喻为人们提供了一个有趣的视角，用以探讨 AI 是否会思考这一问题。如果按照莱布尼茨的设想，将 AI 视为一辆复杂的风车，其内部由一系列相互推动的组件构成，那么 AI 的"思考"过程确实可以看作是这些组件之间相互作用的结果。

而在 236 年后的 1950 年，图灵同样发出振聋发聩之问："机器会思考吗？（Can machines think?）"，也许有人会感到这个问题中的"机器"和"思考"难以被准确定义，图灵自问自答了 18 年，提出"模仿游戏（Imitation Game）"，后来被称为"图灵测试"。

AI 的"思考"与人类的"思维"差异

首先，需要明确的是，AI 的思考与人类思维在本质上是不同的。AI 的思考是基于算法和数据的，它依赖于大量的计算和模式识别来完成任务。而人类的思维则涉及意识、情感、经验等多个层面，这是一个远比 AI 思考更为复杂和多样化的过程。

其次，即使进入这座"会思考的风车"，也只会看到一系列的组件和它们在相互作用中产生的结果。这些组件可能包括处理器、传感器、算法等，它们共同构成了 AI 的"思考"机制。然而，人们却很难从中找到一个能够解释认知的东西，因为思维认知本身是一个高度抽象和主观的概念，它涉及对信息的理解、解释和应用，而不仅仅是简单的数据处理。

此外，AI 的"思考"能力也受限于其设计和训练。不同的 AI 系统具有不同的功能和局限性，它们只能在特定的任务领域内表现出一定的智能。这意味着 AI 的思考能力并不是无限的，它无法具备像人类那样的思维认知能力及创造力。

AI 也会犯错吗

AI 技术现如今已经取得了显著的进步，并且在许多领域展现出了出色的能力，但它仍然存在着一定的局限性，并有可能发生潜在的错误风险。

文生图缺陷

在早期使用 AI 图像生成工具时，由于模型稳定性欠佳，导致生成的图像质量参差不齐，难以实现精准控制，其中最为普遍性的问题便是"多手多脚"问题。尽管目前的 AI 绘画工具也在不断完善，但这种问题目前仍然难以避免。

数据遗漏

在数据分析领域，AI 可能因数据质量问题而得出错误的结论，因为不完整的用户数据、错误填充的数据及未更新的过期数据，都可能导致 AI 模型产生错误的结果。

技术漏洞

AI在某些特定领域也可能出现问题，这些问题在计算机领域通常被称为BUG。如果AI的算法设计本身存在缺陷或逻辑错误，或者在模型训练过程中使用的数据不足或存在偏差，那么AI在实际应用中很可能会产生严重的问题，比如错误的决策或预测。

然而，随着算法技术的不断成熟和进步，大多数AI工具已经在减少错误和提高稳定性方面取得了显著的进步。以AI绘画为例，近年来其精准控制能力与艺术表现力都有了显著提升，结合各大绘画软件推出的"局部重绘"等功能，使得AI绘画在避免错误和提高作品质量方面有了更好的表现。

例如，将一张带有手部缺陷的照片上传，通过"局部重绘"的方式进行重新绘制，这样可以在保留照片特点的情况下对照片进行修复。

此外，目前市面上主流的AI工具广泛应用了深度学习技术，这使得它们具备了自我完善的能力，能够不断通过学习优化和调整自身，以提高性能和稳定性。以文心一言为例，它能够通过分析用户的问题和提供的资料，不断进行学习和优化，以更准确地理解并回答用户的问题，从而更好地满足用户需求。

现阶段消费级 AI 可以做什么

至 2024 年，消费级 AI 在各个领域都取得了显著的进步，能够完成包括文档处理、图像生成、音乐创作、视频编辑及产品设计等多种工作。以下是一些具体的示例。

文档处理

当面临处理多份文件的任务时，传统方法往往既耗时又费力，同时还需要操作者具备深厚的文本编辑软件知识。然而，随着 AI 工具的发展，人们拥有了更加便捷、高效的解决方案。AI 工具能够快速而准确地处理大量文档。上传多个文档，输入相关指令完成数据整理收集，极大降低了人工操作的需求，提高了整体的工作效率和学习成效。

目前，以 ChatGPT 领衔的文本大模型，如文心一言、通义千问、智谱清言、Kimi.AI 等都可以完成下述文档处理任务。

- ◆ 文本自动生成：AI 可以自动撰写邮件、报告、文章等文本内容。
- ◆ 自动摘要：AI 能够从长篇文章中提取关键信息，生成摘要。
- ◆ 语言翻译：AI 可以快速准确地将一种语言翻译成另一种语言。
- ◆ 错误校正：AI 能够检测并修正文本中的拼写和语法错误。

图像生成

AI 绘画工具可以根据创作者的文字描述自动生成图片，这些 AI 工具首先从创作者的自然语言描述中细致地提取关键词生成相应的画面元素。创作者可以进一步通过参数设置来调控生成图片的艺术构图布局，从而实现人性化艺术创作。

目前，市面影响力最大的 AI 绘画工具为 Midjourney 与 Stable Diffusion，除此之外，还有 Liblib AI、无界 AI、堆友、触手 AI 等国内图像生成工具，这些工具都可以完成下述图像生成工作。

◆ AI 艺术创作：AI 可以创作出独特的艺术作品，包括绘画、插图等。

◆ 图像编辑：AI 能够根据用户指令进行图像编辑，如改变分辨率、风格、内容等。

◆ 人脸合成：AI 可以生成逼真的人脸图像，甚至模仿特定人物的外观。

音乐创作

AI 音乐创作工具可以通过大数据算法深入剖析音乐元素、乐理及曲风特征。创作者只需输入曲风提示词，如"爵士""摇滚""电子"等，工具便能迅速生成与这些曲风相关的音乐片段或完整的音乐作品。

这不仅降低了音乐创作的门槛，还让新手们能够轻松尝试不同的曲风和音乐元素，快速创作出属于自己的音乐作品，从而更容易地融入音乐创作领域。

目前 So-Vits-Svc 是 AI 音乐创作的领头羊，不过上手难度较高，除此之外，还有 Suno、ACE Studio、唱鸭 App 等 AI 音乐创作软件可以完成下述音乐创作任务。

- ◆ 作曲：AI 能够创作旋律与和声，生成原创音乐作品。
- ◆ 音乐生成：AI 可以根据用户的选择生成特定风格或情感的音乐。
- ◆ 音乐混音：AI 可以自动混音和制作音乐，适用于个人或商业用途。
- ◆ 虚拟歌手：通过声音克隆工具，训练自己的声音模型，从而让 AI 演奏歌曲。

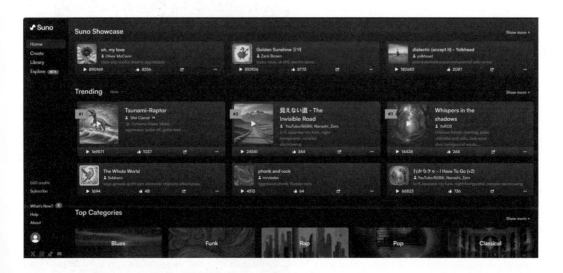

视频剪辑

AI 功能的引入为视频剪辑带来了前所未有的可能性。以"图文成片"功能为例，这一功能能够精准地理解创作者的文案或关键词，并智能地匹配相应的画面素材来生成视频，大大减轻了的编辑负担，使他们能够更专注于内容的创作和表达。

此外，AI 工具还提供了许多其他实用的功能，如智能调色、自动字幕生成、人脸识别等，这些功能进一步丰富了视频剪辑的表现手法和创作空间。创作者可以根据自己的需求和喜好，灵活运用这些功能来打造独具特色的视频作品。

目前，以剪映为首的像腾讯智影、GhostCut 鬼手剪辑及度加剪辑等 AI 视频编辑软件，均已配备多种 AI 功能，可以完成下述视频编辑工作。

◆ 自动剪辑：AI 能够分析视频内容，自动进行剪辑和场景选择。

◆ 图文成片：用户输入提示词，AI 智能生成视频文案，并自动匹配视频素材，自动生成字幕、配音和配乐。

◆ 智能抠像、特效、贴纸、音乐等：提供一键去背景换图，内建特效、背景音乐和各种贴图，方便创作者剪辑。

◆ 数字人形象：这个功能允许创作者选择不同的数字人形象进行视频解说，提高制作效率并降低成本。

艺术设计

在艺术设计的前期工作中，可以充分利用 AI 绘画工具。例如，只需在 AI 工具的文本框内输入与想象场景相关的详细提示词，如"未来城市夜景"或"古典园林秋景"，AI 便能够智能地解析这些提示词，并根据其内涵和风格要求，自动生成与之相匹配的设计草图或概念图。这种方式不仅大大节省了设计师的时间和精力，还能在设计的初步阶段就提供多样化的灵感和方案，助力用户更高效地推进艺术设计工作。

可以使用 AI 绘画工具绘制草图或提供灵感来源，然后结合 AI 设计工具，如 AI 室内设计师、点点设计、美图设计室辅助实现下述艺术设计工作需求。

◆ 创意生成：AI 可以提供创新的艺术设计概念和原型。

◆ 个性化设计：AI 可以根据用户的偏好和需求，定制个性化的艺术设计产品。

◆ 功能模拟：AI 可以帮助设计师模拟和测试设计用品的功能和互动性。

第3章
用AI让
生活更有趣

学会对 AI 进行追问和深度思考

在日常生活中，人们面对各种问题时，常常只是停留在表面，缺乏深入挖掘的动力和方法。这种浅尝辄止的态度，虽然能够快速得到一个初步的结论，但却无法触及问题的核心，也难以获得更全面、更深刻的认识。为了打破这种局限，可以尝试借助 AI 的力量，通过不断地追问和探索，引导自己进入更深层次的思考。

接下来笔者将通过文心一言 AI 工具，以"为什么天是蓝色的"为例，利用 AI 助力个人进行追问练习，具体操作步骤如下。

（1）进入 https://yiyan.baidu.com/ 网址，注册登录后进入文心一言默认页面，如下图所示。

（2）单击下方的文本框，在其中输入想要问的问题，笔者输入的初始问题为"为什么天是蓝色的"，如下图所示。

（3）单击文本框右侧的""按钮，即可生成问题的答案，AI 回答的结果如下图所示。

（4）对 AI 回答的问题结果进一步进行追问，笔者又在文本框中输入"为什么波长较短的光线更容易被散射"，如下图所示。

（5）再次单击文本框右侧的"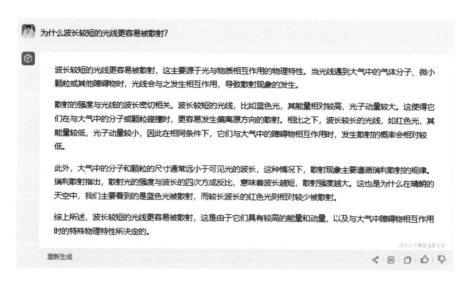"按钮，即可生成新问题的答案，AI回答的结果如下图所示。

（6）按照上述步骤再次对回答内容中的疑惑进行追问，笔者追问的问题和AI的回答如下图所示。

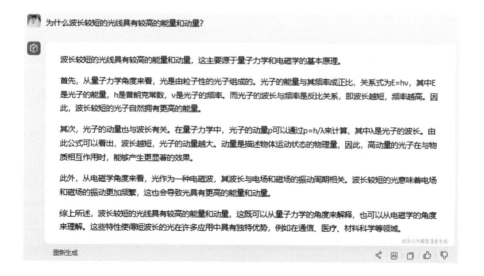

按照上述方法可以继续对AI进行追问，以不断获取知识，进行深度思考。

用 AI 生成特定事物的谜题

谜语作为一种深含哲理、趣味盎然且富含智慧的语言艺术形式，能够提升人们的逻辑推理能力，而且在深化语言素养、拓展生活认知方面也发挥着积极作用。现今，人们可以利用 AI 技术的力量，即时创作出涉及不同领域和题材的原创谜语，无论是自然科学中的天体星辰，还是人文社科中的历史典故，甚至是抽象的概念（如情感状态），都可以转化成有趣味的谜面。

接下来，笔者将通过智谱清言 AI 工具生成关于键盘的谜语。具体操作步骤如下。

（1）打开 https://chatglm.cn/ 网址，进入智谱清言默认对话框后，在下方的文本框内输入相关文字指令，笔者输入的文字指令为"请根据传统中国谜语，设计一些蕴含创意与趣味性的谜语，这些谜语需要围绕键盘这一主题，巧妙地融合键盘的特点或功能，并附上简短的解释或答案，以便更好地理解谜语所包含的意义"，如下图所示。

请根据传统中国谜语，设计一些蕴含创意与趣味性的谜语，这些谜语需要围绕键盘这一主题，巧妙地融合键盘的特点或功能，并附上简短的解释或答案，以便更好地理解谜语所包含的意义。

优化

（2）单击文本框右侧的"⬤"按钮，即可开始生成与键盘相关的谜语，如下图所示。

1. 谜语：一排小岛，船儿穿梭，按键一敲，信息流传。 解释：这个谜语描述的是键盘上的字母和数字键，它们像是小岛，而手指就像船儿在键岛上穿梭，通过敲击键盘，信息得以传播。

2. 谜语：黑白分明，相处融洽，团结一心，音乐响起。 解释：这个谜语指的是键盘上的黑键和白键，它们在钢琴或键盘上紧密排列，共同发出美妙的音乐。

3. 谜语：一把尺子，治国安邦，按键一响，世界互联。 解释：这个谜语将键盘比作一把尺子，象征着键盘是治理国家和世界的重要工具。同时，它也代表了现代社会中，通过键盘敲击，人们可以实现全球互联。

4. 谜语：一排字母，整整齐齐，排兵布阵，等待命令。 解释：这个谜语描述的是键盘上的字母键，它们整齐地排列着，等待着用户的命令，就像一支等待战斗的军队。

5. 谜语：点点点，滑滑滑，指尖舞动，世界在手。 解释：这个谜语描述的是触控键盘，点点代表触控键盘上的按点，滑滑代表触控键盘的滑动操作。通过指尖的舞动，我们可以操作键盘，实现与世界的连接。

（3）一定要注意给出的相关指令要足够明确，指令越明确AI给出的回答越贴近想要的谜语内容。笔者认为AI给出的谜语互动性不强，所以进一步给出"谜语能否更具互动性，加入猜谜环节"指令，如下图所示。

（4）单击"⬤"按钮，AI得到的回答如下图所示。

ChatGLM

当然可以。下面是一些更具互动性的键盘主题谜语，你可以尝试猜测答案：

1. 谜语：我有26个孩子，他们都住在同一栋楼里，但每个孩子都住在不同的房间里。他们是谁？提示：孩子们的名字都是英文字母。答案：这是一排键盘上的字母键。

2. 谜语：我是一排小士兵，穿着统一的黑白衣服，站成一列。我能帮助你打字，但我自己却不会说话。我是谁？提示：我位于键盘的上方。答案：这是键盘上的字母键。

3. 谜语：我是一个小方块，有数字也有符号，我不是用来打字的，但每个人都离不开我。我是谁？提示：我通常在键盘的最右边。答案：这是键盘上的数字键和符号键。

4. 谜语：我有两个眼睛，但看不到任何东西，我有两个耳朵，但听不到任何声音。我是谁？提示：我通常在键盘的上方。答案：这是键盘上的Caps Lock键，它的指示灯就像是眼睛，而它的切换功能就像是耳朵。

5. 谜语：我是一颗星星，但不在夜空中闪烁，我是一把雨伞，但不会为任何人遮雨。我是谁？提示：我可以在任何文本的开头找到。答案：这是键盘上的星号键（*）和井号键（#），它们通常用于表示强调或标题。

6. 谜语：我是一块小黑板，可以擦写无数次，但永远也擦不干净。我是谁？提示：我可以记录你的每一次点击。答案：这是键盘上的触摸板或轨迹板，它可以感应手指的滑动和点击。

7. 谜语：我是一个隐藏的房间，里面住着许多特殊功能的居民，他们只有在被召唤时才会出现。我是谁？提示：我需要使用一个特殊的键来进入。答案：这是键盘上的功能键区域（如F1-F12），它们通常与软件功能相结合。

8. 谜语：我是一把钥匙，可以打开任何门，但我自己却不能移动。我是谁？提示：我通常在键盘的底部。答案：这是键盘上的Shift键，它可以用来切换大小写字母和符号。

9. 谜语：我是一颗小闪电，但不会照亮任何地方，我是一把剪刀，但永远不会剪断任何东西。我是谁？提示：我可以在键盘上快速找到。答案：这是键盘上的Ctrl键，它通常用于与其他键结合执行快捷命令。

10. 谜语：我是一颗小苹果，但不是用来吃的，我是一颗小地球，但不是用来居住的。我是谁？提示：我可以在许多电脑上找到。答案：这是苹果电脑键盘上的Command键（⌘），它用于执行操作系统和应用程序的快捷命令。

👍 👎 ▤ ↗

用 AI 写对联

每逢春节，家家户户都有贴对联的传统习俗。然而，对于一些人来说，撰写对联却是一项颇具挑战性的任务。幸运的是，现在借助人工智能不仅能生成对联，还能让对联更加个性化，例如，可以在对联中融入一家人的名字，获得属于一家人的独一无二的对联。而且，用 AI 生成对联方便简单，只需输入相关指令，便能轻松获得称心如意的对联。接下来笔者将通过文心一言 AI 工具来生成个性化对联，具体操作步骤如下。

（1）打开 https://yiyan.baidu.com/ 网址，登录后进入文心一言默认对话页面，在下方的文本框内输入文字指令，笔者输入的文字指令为"请设计一副传统中国风格的对联，以'阖家欢乐'为主题，要求对联中必须包含'晓'字、'捷'字和'庆'字。语言温馨，并能够在对联中巧妙地融入这三个字，使家庭团聚和欢乐的氛围更为浓郁。对联需要对仗工整，意境开阔，能体现出中国传统对联的艺术美感和家庭幸福的和谐"，如下图所示。

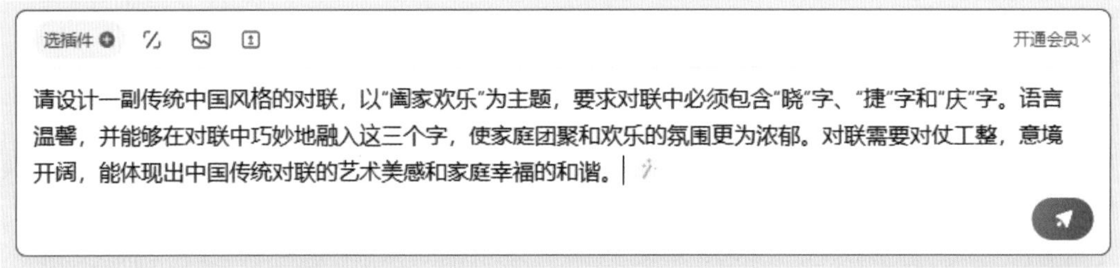

（2）单击文本框右侧的"⬤"按钮，即可开始生成对联，如下图所示。

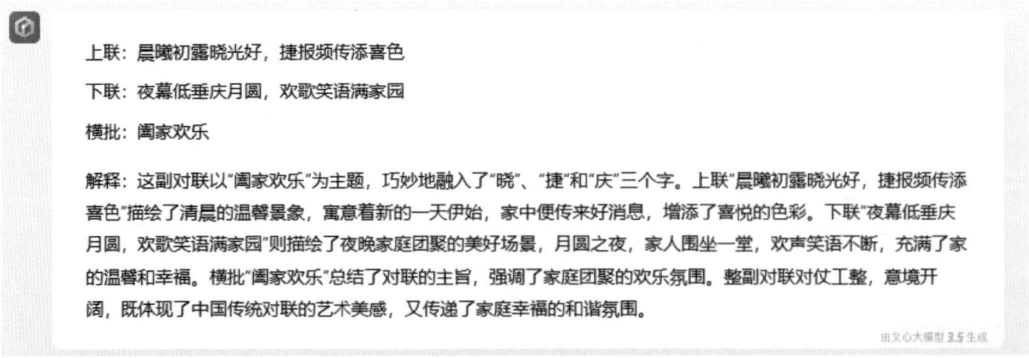

（3）如果想批量生成对联，只需在文本指令中加入相应的指令即可，如右图所示（由于篇幅有限，笔者只截取了AI生成的部分对联）。

再生成十条相类似的对联。

以下是十条以"阖家欢乐"为主题，包含"晓"、"捷"和"庆"字的对联：

1. 上联：晓日初升映喜色，捷音入耳乐无边
   下联：庆云满户团圆景，欢声笑语绕家前
   横批：阖家欢腾

2. 上联：晓风轻拂传佳讯，捷足先登报喜来
   下联：庆酒盈杯歌盛世，欢颜满座乐开怀
   横批：家兴人和

3. 上联：晓露晶莹添雅韵，捷才横溢展华章
   下联：庆时共聚团圆乐，欢度良辰笑语扬
   横批：福满家园

4. 上联：晓窗映照春光好，捷报频传福满门
   下联：庆事连连添喜气，欢情切切暖人心
   横批：欢度佳节

5. 上联：晓梦初醒闻喜讯，捷足高攀展宏图
   下联：庆云笼罩吉祥地，欢歌飘荡乐陶陶
   横批：福乐双全

用 AI 写歇后语

歇后语在日常生活中是一种非常有趣的语言表达方式，广泛应用于日常对话、文学作品、相声小品等，能够使交流更加生动和富有智慧。通过 AI 可以生成各种新颖且富有时代感的歇后语，激发人们在交流中运用语言的巧思和幽默感。接下来，笔者将通过文心一言 AI 工具来生成关于二十四节气的歇后语，并且以表格的形式展现，具体操作步骤如下。

（1）打开 https://yiyan.baidu.com/ 网址，进入通义千问默认对话页面，在下方的文本框内输入文字指令，笔者输入的文字指令为"根据中国传统文化，设计一个包含'二十四节气'的歇后语表格。每种节气后应至少提供一个相关

的歇后语，以体现节气的特点或习俗。请注意，歇后语应具体、有创意且易于理解，适合现代人记忆和使用"，如下图所示。

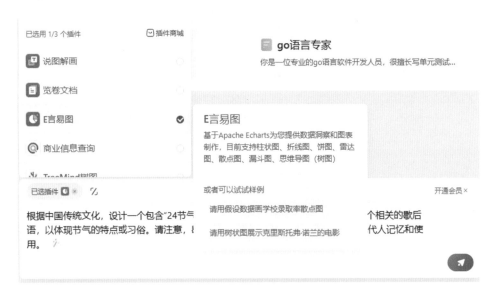

（2）单击文本框左上方的"选插件"按钮，选中"E言易图"插件，如下图所示。

（3）单击文本框右侧的" ✈ "按钮，即可开始生成关于二十四节气的歇后语，生成的部分歇后语如右图所示。

节气	歇后语	节气	歇后语
		清明	清明时节雨纷纷，扫墓祭祖心悠悠。
立春	立春时节草初长，万物复苏喜气扬。	谷雨	谷雨播种忙不停，丰收希望满心间。
雨水	雨水润物细无声，点点滴滴情意浓。	立夏	立夏时节麦浪翻，夏日炎炎将到来。
惊蛰	惊蛰雷声响震天，万物苏醒展新颜。	小满	小满时节麦穗满，丰收在望喜洋洋。
春分	春分昼夜两平分，阳光雨露共滋润。	芒种	芒种时节忙种田，辛勤耕耘盼丰年。

（4）如果对生成的歇后语不满意，再在对话框内添加相关指令即可。由于上述生成的歇后语不够接地气，笔者添加了"修改得更加接地气一些"的指令，再次生成的部分歇后语如右图所示。

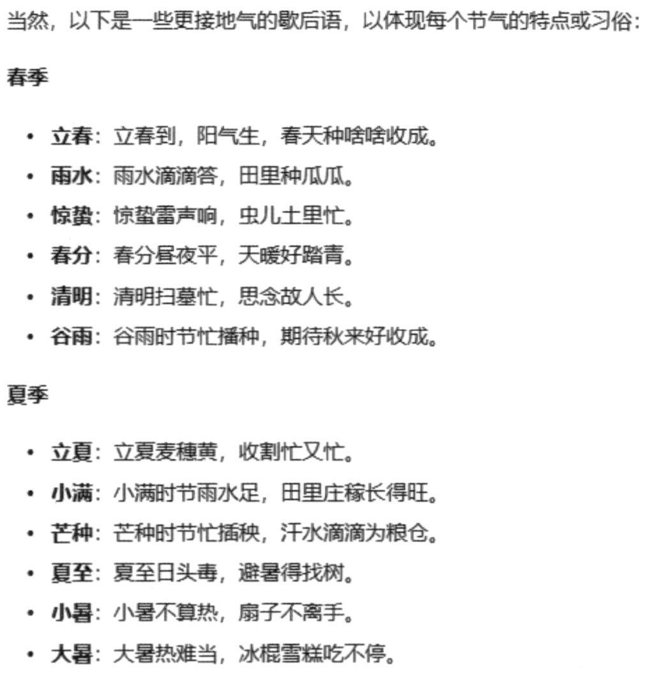

当然，以下是一些更接地气的歇后语，以体现每个节气的特点或习俗：

春季

- **立春**：立春到，阳气生，春天种啥啥收成。
- **雨水**：雨水滴滴答，田里种瓜瓜。
- **惊蛰**：惊蛰雷声响，虫儿土里忙。
- **春分**：春分昼夜平，天暖好踏青。
- **清明**：清明扫墓忙，思念故人长。
- **谷雨**：谷雨时节忙播种，期待秋来好收成。

夏季

- **立夏**：立夏麦穗黄，收割忙又忙。
- **小满**：小满时节雨水足，田里庄稼长得旺。
- **芒种**：芒种时节忙播秧，汗水滴滴为粮仓。
- **夏至**：夏至日头毒，避暑得找树。
- **小暑**：小暑不算热，扇子不离手。
- **大暑**：大暑热难当，冰棍雪糕吃不停。

用 AI 制作朋友圈文案

人们在朋友圈分享生活瞬间、抒发心绪或传递信息时，往往会陷入词穷的困境，难以想出贴切且引人入胜的文字表述。此时，借助 AI 智能文案生成技术，能迅速获得丰富多样的文案选项，为人们发布朋友圈提供灵感与参考依据。这种多元化的选择有助于打破朋友圈内容单调的状态，使朋友圈动态焕发出新颖独特的魅力。

接下来，笔者将通过通义千问 AI 工具制作朋友圈文案，具体操作步骤如下。

（1）打开 https://qianwen.aliyun.com/ 网址，注册并登录后进入通义千问默认页面，如下图所示。

（2）在文本框中输入文字指令即可进行创作。用 AI 工具创作朋友圈文案也是有技巧的。

◆ 首先，要赋予 AI 角色，让 AI 知道自己的角色定位，以什么身份来发布这条朋友圈。

◆ 其次，要明确内容需求，让 AI 知道你心里的想法，明白这条朋友圈的具体内容要发什么。

◆ 再次，要赋予场景，让 AI 知道发布这条朋友圈的背景，即在什么情况下发出的此条朋友圈。

◆ 最后，进行优化编辑，自行补充内容。

笔者想要发一条关于旅行分享的朋友圈，按照上面所说的技巧输入文字指令。笔者输入了"你是一名中学生，周末你去了北京故宫，还吃了北京烤鸭、豆汁等特色美食，你想要发朋友圈分享你旅行的喜悦。请写一个 100 字左右的朋友圈搞笑风格的文案"，如下图所示。

◆ 从以上文字可以看出，"一名中学生"就是赋予 AI 的角色。

◆ "去了北京故宫，还吃了北京烤鸭、豆汁等美食"这是具体的内容要求。

◆ "请写一个 100 字左右的朋友圈搞笑风格的文案"，这是具体的字数要求。

◆ "想分享周末旅行的喜悦"这是具体的情景。

你是一名中学生，周末你去了北京故宫，还吃了北京烤鸭、豆汁等特色美食，你想要发朋友圈分享你旅行的喜悦。请写一个100字左右的朋友圈搞笑风格的文案

（3）单击文本框右侧的""按钮，即可生成朋友圈文案。AI 生成的文案如下图所示。如果想要生成其他风格的朋友圈文案，只要修改文字指令即可。

> 🧑 你是一名中学生，周末你去了北京故宫，还吃了北京烤鸭、豆汁等特色美食，你想要发朋友圈分享你旅行的喜悦。请写一个100字左右的朋友圈搞笑风格的文案

> 🪄 【周末游记·京城奇遇记】
>
> 咳咳，各位乡亲父老，你们的"京片儿"小导游已上线！这周末，本学霸毅然决然放下堆积如山的作业，投身于紫禁城的历史长河中。故宫我来啦！那红墙金瓦，犹如一本立体的历史教科书，让我瞬间穿越到《甄嬛传》现场，差点以为自己下一秒就要开启宫斗模式。珍宝馆里的宝贝们，你们要是会说话，我保证认真听讲，绝不溜号！
>
> 逛完皇家大院，怎能错过京城美食洗礼？北京烤鸭，你就是那传说中的"鸭界爱马仕"吧？皮脆肉嫩，配上葱段黄瓜，一口下去，满嘴生香，减肥大业暂且搁置，此刻我只想对你说："确认过眼神，你是我要长胖的人！"至于豆汁儿，恕我直言，初尝一口，我以为自己喝的是历史的沉淀+岁月的发酵+地理的探索=不明液体。但谁说挑战味蕾不是旅行的一部分呢？现在回想起来，竟然有点上头，莫非我已经解锁了"京城老炮儿"新身份？
>
> 总的来说，这趟京城之旅，我与六百年的故宫深情对视，与烤鸭上演了一场舌尖上的恋爱，更与豆汁儿进行了一次勇气可嘉的味觉探险。作业诚可贵，旅行价更高，若为美食故，二者皆可抛！下周末，谁知道我又将解锁哪座城市的美食密码？敬请期待，咱们朋友圈见！#周末去哪儿玩# #故宫游记# #北京烤鸭yyds# #豆汁儿：爱我你怕了吗#

高情商对话模拟

学校不仅是学习知识的地方，同样也是社交技能形成的重要场所。情商高的学生更能理解和尊重他人的情绪，善于倾听、表达同理心，这使得他们在与同学、老师的交往中更易建立和谐的人际关系，赢得他人的喜爱与信任。所以，在成长过程中，情商的重要性是不容忽视的。

情商的提高是一个渐进的过程，需要付出大量的对话和练习。使用 AI 工具可以模拟社交发生的场景，通过与 AI 完成对话的方式，逐步提高自己与他人的交流、沟通水平。这样，不仅能够更好地理解和控制自己的情绪，还能够与他人建立更加和谐、有效的关系。

（1）打开 https://xinghuo.xfyun.cn/ 网址，注册并登录进入讯飞星火的主页界面，在右侧的选项卡中选择"助手中心"选项，然后在其中搜索并选择"高情商大师"，如下图所示。

（2）将自己在生活中经常面临的问题输入到文本框内，比如，输入"小明叫我放学去打篮球，如何高情商地拒绝他"指令，单击"发送"按钮，讯飞星火会根据指令做出回复，如下图所示。

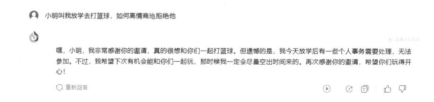

（3）单击回复下方的"重新回答"按钮，讯飞星火会根据指令再次生成回复，多次单击"重新回答"按钮，可以重复此指令进行生成，单击右侧的方向箭头，便可从中挑选适合自己的高情商回复方案，如下图所示。

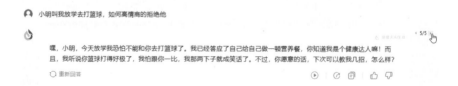

AI 健身教练

在学校环境中，由于学生群体规模庞大，体育教师无法针对每一位学生量身定制个性化的健身方案。面对这种情况，可以积极利用 AI 工具，以自身身体状况、锻炼需求为导向，获取精准的个性化健身建议与指导，从而实现锻炼效果的最大化。接下来，笔者将通过 DeepSeekAI 来展示 AI 如何帮助我们健身。

（1）打开 https://www.deepseek.com/ 网址，进入 DeepSeek 的主页界面，将自己的身体情况与健身需求告知 AI，比如，在文本框内输入"我是一名高中生，性别男，年龄 16 岁，身高 188 厘米，体重 188 斤，一天的新陈代谢为多少？一天运动计划为多少？三餐如何搭配？"得到的结果如下图所示。

（2）打开"深度思考"选项和"联网搜索"选项，点击右侧的 按钮，即可得到相关健身建议，笔者截取了部分内容如下所示。

根据你的身体数据（16岁、身高188cm、体重94kg），以下是详细的健康建议：

一、新陈代谢计算

基础代谢率（BMR）

采用更准确的Mifflin-St Jeor公式：

$BMR = 10 \times 94 + 6.25 \times 188 - 5 \times 16 + 5 = 2040$大卡

总代谢估算

考虑到高中生日常活动+运动（活动系数1.6-1.8）：

每日总消耗 ≈ 2040 × 1.7 = 3468大卡

（若需减脂建议摄入量控制在2800-3000大卡）

二、运动计划（减脂增肌版）

每日建议：

晨间：20分钟快走/椭圆机（心率120-140）

下午：40分钟渐进训练

（自重深蹲3组×15次 → 弹力带划船3组×12次 → 平板支撑3组×30秒）

晚间：30分钟游泳/篮球（每周4次）

三、精准营养搭配（3000大卡版）

早餐（700大卡）：

主食：全麦面包100g + 蒸红薯150g

蛋白质：水煮蛋3个（去1个蛋黄）+ 无糖豆浆300ml

膳食纤维：西蓝花150g焯水

（3）结合自身情况向 AI 发出追问，如"白天上课时间为 9 到 16 点，周末双休，不使用器材，应该怎样进行减肥锻炼"指令，得到的部分结果如下图所示。

一、工作日高效锻炼（周一至周五）

晨间7:00-7:30（课前）

核心燃脂：登山跑40秒 + 平板支撑转体15次/侧 × 3循环

提升代谢：台阶跳（用楼梯）30次×3组（心率冲到140+）

放学后16:00-16:40

阶梯式训练（每周增加1组）：

动态热身：高抬腿跑1分钟 + 侧向螃蟹走20步

自重循环（每个动作45秒，休息15秒）：

二、周末强化训练（周六日）

早晨户外专项（选1项）

燃脂优选：变速走（快走3分钟+慢走1分钟）×8轮

趣味训练：公园长椅训练（斜板俯卧撑×15 + 登阶跳×20）×4组

第 4 章
用 AI 变身
绘画大师

用 AI 为诗词配图

在学习诗词与文章的过程中，配图常常扮演着不可或缺的角色，配图能够为读者提供直观的视觉形象，帮助他们更好地联想和理解诗词中的描述。

通过运用 AI 进行诗词创作与配套图像生成，能够瞬息间将诗词中蕴含的意境、角色与景观由无形的文字转化为鲜活的画面。不仅有助于人们更为细腻地探究诗词的内涵，提升对其所描绘情境的直觉领悟，还让人们在互动式的学习过程中享受到亲手重现文学图景的乐趣，从而大大增强了学习的趣味性和吸引力。

接下来笔者将通过智谱清言、文心一格两个 AI 工具，分别生成关于李白《望庐山瀑布》这首诗的相关配图。使用智谱清言的具体操作步骤如下。

（1）打开 https://chatglm.cn/ 网址，进入默认页面，系统默认为 GLM-3，需要单击上方的 GLM-4 按钮，切换到可以生成图片的大模型，GLM-4 的页面如下图所示。

（2）在下方的文本框中输入指令，笔者想要为李白的《望庐山瀑布》这首诗配图，在文本框中输入的指令为"绘制李白的《望庐山瀑布》诗的配图，展现一幅壮丽的山水画面，中间有李白端坐于瀑布之前，背景是飞檐翘角的亭台楼阁，以及蜿蜒小径通向远方"，如下图所示。

绘制李白的《望庐山瀑布》诗的配图，展现一幅壮丽的山水画面，中间有李白端坐于瀑布之前，背景是飞檐翘角的亭台楼阁，以及蜿蜒小径通向远方。

（3）单击文本框右侧的"➤"按钮，即可生成效果图，生成的古诗《望庐山瀑布》的配图如下图所示。

（4）如果对效果不满意，还可进行调整，继续在文本框中添加指令即可，笔者觉得图中的瀑布动态感不够，所以输入了"瀑布水流要有动感"指令，如下图所示。

瀑布水流要有动感

（5）再次单击文本框右侧的""按钮，即可生成效果图，如下图所示。如果对效果图还不满意，可以继续输入文本指令进行调整，直到满意为止。

利用智谱清言生成的配图不够细致，但图片的意境大体与诗词主题一致，笔者接下来使用"文心一格"AI工具来创作诗词的配图，具体操作步骤如下。

（1）打开 https://yige.baidu.com/ 网址，进入文心一格首页页面 ，如下图所示。

（2）单击上方的"AI创作"按钮，进入创作页面，如下图所示。

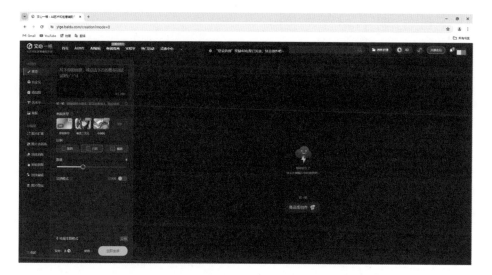

（3）在文本框中输入相应的提示词，笔者输入了《望庐山瀑布》的诗句内容，具体为"日照香炉生紫烟，遥看瀑布挂前川。飞流直下三千尺，疑是银河落九天。"将"画面类型"设置为"智能推荐"，将"比例"设置为"方图"，将"数量"设置为1，如下图所示。

（4）单击下方的"立即生成"按钮，即可生成关于诗句的配图，生成的效果如下图所示。相比之下，文心一格生成的图片画面冲击感更强一些。将诗句中的"紫烟"展现得栩栩如生。

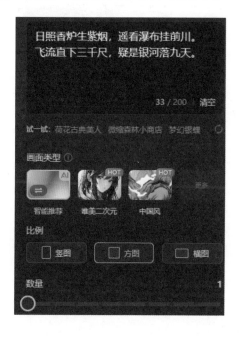

用 AI 生成绘画学习参考图

对学习绘画的同学来说，常常会面临资源匮乏和个人视野受限的挑战。此时需要借助 AI 工具，AI 绘画能够依据创作者需求生成各种艺术风格的作品，这对于绘画学习者来说，相当于拥有了一个无限的风格实验室，可以随心所欲地探索、模仿和创新，有助于拓宽艺术视野，提升对不同绘画技法的理解与掌握。

接下来，笔者将通过堆友 AI 工具来生成绘画学习参考图，具体操作步骤如下。

（1）打开 https://d.design/ 网址，注册登录后进入堆友首页页面，如下图所示。

（2）单击上方菜单栏中的"AI 反应堆"按钮，进入操作页面，如下图所示。

（3）单击上方菜单栏中右侧的"简洁模式"选项卡，在下方的"底模模型"中选择合适的 Checkpoint 模型，这里笔者选择了"麦橘幻想|majicMIX fantasy_V（1）0"模型，在"增益效果"中选择合适的 Lora 模型，这里笔者选择了"人像幻想"的 Lora 模型，设置"参考程度建议"为0.7，如右图所示。

（4）在"画面描述"文本框中输入想要的内容，这里笔者输入了"一个女孩在花海中仰望天空，浪漫主义色彩画像，增加细节，高分辨率，卷发，连衣裙，上半身"提示词，如下图所示。

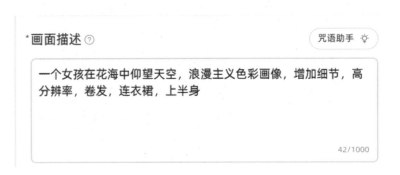

（5）在"图片参考"栏中上传的相关参考图片，笔者上传的图片如下左图所示。选择参考图片玩法，笔者想要参考上传图片中的姿势，选择了"参考姿势"选项，选择参考程度为 0.7，参考图片玩法如下右图所示。

（6）单击左下方的"立即生成"按钮，即可生成效果图像，得到的图像如右图所示。

用 AI 制作多风格写真照片

拍摄个人写真有助于留存人生各个阶段的形象状态，作为珍贵的时间印记。然而，传统写真的拍摄模式通常涉及实景拍摄、精心布景设置或烦琐的手工后期修饰，这一过程不仅耗时费力，成本也高。相比之下，AI 技术赋能的写真制作则提供了高效且高度个性化的解决方案。它允许自由定制不同的装造类型和背景风格等元素，从而突破单一风格的局限，赋予写真照片无限创意与艺术魅力。

接下来，笔者将通过无界 AI 工具来制作多风格写真图片，具体操作步骤如下。

（1）打开 https://www.wujieai.net/ai 网址，注册并登录后进入无界 AI 专业版界面，如下图所示。

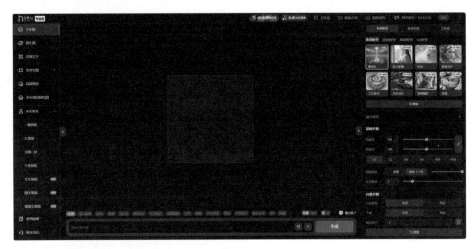

（2）单击上方菜单栏中的"AI专业版"按钮，进入无界AI专业版操作界面，单击左侧菜单"AI实验室"中的"个性相机"按钮，进入如下图所示的页面。

（3）在上方"基础版"的"模型训练"界面中，上传需要处理的图像，笔者上传的图像如右图所示。

（4）单击下方的"开始训练"按钮，大约需要等待 3 ~ 5 分钟即可训练"我的化身"。

（5）单击上方的"生成写真"按钮，选择喜欢的模板，具体模板样式如下左图所示。这里笔者选择了"秀丽"写真模板，如下右图所示。

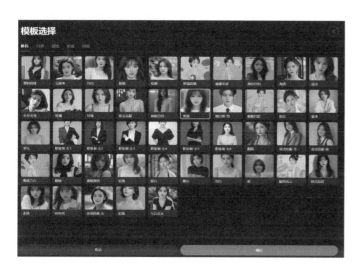

（6）在右侧的"参数配置"中选择刚刚生成的"我的化身"，并设置生成的数量，如下左图所示。

（7）单击"开始生成"按钮，即可生成写真照，得到的效果如下右图所示。

（8）高阶版与基础版的方法一致，两者的差异在于高阶版上传的图片数量会更多一些，写真生成的效果也更加真实。

将随手涂鸦变成绘画大作

有时候，人们脑海中或许会涌现出一些绘画灵感，但由于自身绘画技艺的局限，往往难以将这些灵感转化为具象的画作。此刻，AI绘画技术便能大显身手，它能根据创作者的创意输入，运用先进的算法解析并转化为高水准的艺术作品。这种技术犹如现实世界中的"点石成金术"，最终将创作者提供的粗略线条、基础形状，甚至是未完善的草图作为原始素材，进而生成细节细腻、视觉冲击力十足的图画。

接下来，笔者将通过AI把涂鸦的草图转换成色彩及画面丰富的完整绘画图，具体操作步骤如下。

（1）打开 https://www.wujieai.net/ai 网址，进入如下图所示的页面。

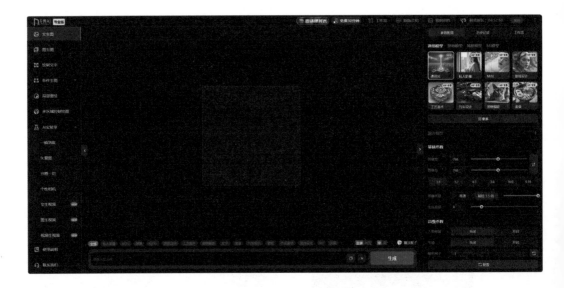

（2）单击左侧菜单"条件生图"中的"涂鸦上色"按钮，进入如下图所示的页面。

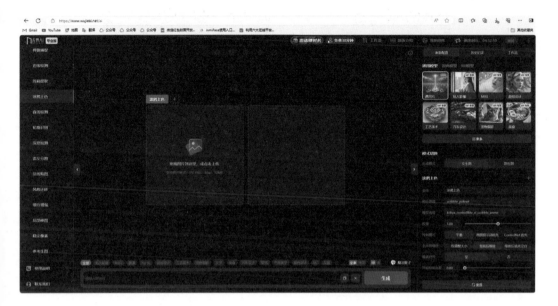

（3）单击上传图片，笔者上传了随手画的一辆小车的图像，如右图所示。在此，笔者的任务是将涂鸦的小车变成实际存在的酷炫小车。

（4）在下方的提示词文本框中输入正向提示词，笔者输入的提示词为"虚幻引擎渲染照，越野车，棕色车身，空白，光线追踪，35毫米胶片，捕捉速度和设计的精髓"，如下图所示。

（5）单击右上方菜单栏中的"参数配置"选项，选择"通用"中的"通用XL"模型，如下图所示。

（6）在右侧菜单中进行相关参数设置，将图像设置为上传照片原比例512×512尺寸，"采样器"选择DPM++ 2M Karras，在负向提示词文本框中输入(worst quality:2),(low quality:2),(normal quality:2),lowres,watermark,nsfw,EasyNegative，其他参数保持不变，如下左图所示。

（7）单击"生成"按钮，即可生成图像，得到的图像如下右图所示。

用 AI 制作社交媒体头像

无论是微信、QQ、微博还是其他各类社交媒体应用，都需要设置一个代表自身的个性化头像，这个头像往往体现了个人风格与心境。然而，在面对网上许多头像资源时，常常感到目不暇接，甚至在诸多图片中难以挑选到完全符合自我期待的理想头像。此时，可以借助 AI 绘画，只需简单描述或上传参考素材，就能轻松实现高度定制化的需求，让每一个社交账号都拥有一张既体现心境又富有创意的特色头像。

接下来，笔者将通过无界 AI 工具来制作人像卡通版头像，具体操作步骤如下。

（1）打开 https://www.wujieai.net/ai 网址，进入无界 AI 专业版，单击左侧菜单栏中"条件生图"下的"骨骼捕捉"按钮，进入如下图所示的页面。"骨骼捕捉"是为了保持效果图和原图中人物动作的一致性，为了让头像更加逼真。

（2）接下来上传图片，上传图片的方式有"从本地上传图片""从动作库中选择""从手势库中选择"3种，如右图所示。

（3）单击"从本地上传图片"图标，上传准备好的人物动作图像，笔者上传的图像如右图所示。

（4）在下方的提示词文本框中输入提示词，笔者输入的提示词为panorama,landscape,1girl,ground vehicle,solo,motor vehicle,shirt,car,outdoors,pants,shoes,white footwear,sitting,sneakers,building,white shirt,jeans,short hair,day,looking at viewer,short sleeves,road,realistic,brown hair,lips,street,brown eyes,full body,bangs,knees up,t-shirt,drinking,tree，如下图所示。

（5）接下来进行参数设置，单击"漫画"选项，选择"彩漫XL"模型，如下图所示。

（6）将图像设置为上传照片原比例 768×1024 尺寸，采样器选择 Euler a，在负向提示词文本框中输入 (worst quality:2),(low quality:2),(normal quality:2),lowres,watermark,nsfw,EasyNegative，其他参数保持不变，具体参数设置如下图所示。

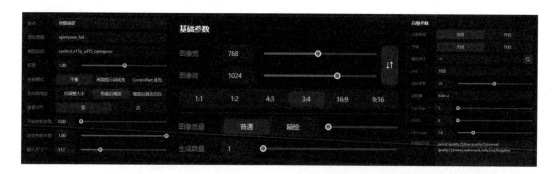

（7）单击下方的"生成"按钮，即可生成想要的图像，得到的图像如右图所示。

第5章
畅享 AI 设计
创作的乐趣

用 AI 构思板报创意

板报在学校中是班级文化氛围的生动体现，不仅是展示班级文化和精神风貌的重要窗口，更是同学们在枯燥学习之余发挥创意、锻炼能力的平台。

在传统板报制作中，受限于手工绘制和排版技术的不足，往往很难将脑海中的创意想法实现。如今，随着 AI 技术的快速发展，板报制作也有了新的发展方向。现在可以借助 AI 设计工具根据主题完成版面设计，并使用 AI 对话大模型进行相关素材整理，缩减绘制时间的同时，还提升了板报的创意，使得板报制作更加高效快捷。

（1）打开 https://www.x-design.com/ 网址，注册并登录进入美图设计室的主页界面，如下图所示。

（2）在设计模板中选择"手抄报"选项，根据主题选择适合的模板，并在其中选择合适的模板进行修改，如下图所示。

（3）模板中的所有元素皆可替换，单击模板中元素对应的位置，即可对其进行调整，单击左侧工具栏中的选项，可对模板进行元素添加或替换，如右图所示。

（4）打开 https://yiyan.baidu.com/ 网址，注册并登录进入文心一言主页界面，在下方的文本框内输入"重阳节黑板报内容"指令，得到的结果如右图所示。

（5）将在文心一言中得到的内容进行修改，返回美图设计室进行文字编辑，完成之后，单击右上角的"下载"按钮，即可将其下载保存至本地，如右图所示。

（6）最后，可以将图片打印出来，然后借助投影仪将图片投到黑板上进行临摹誊写。

用 AI 制作个性姓名头像

在社交媒体上，姓名头像已经超越了单纯的文字符号，逐渐演变成为一个重要的视觉符号。它不仅是个人身份的独特标识，更是人们在虚拟世界中的一张名片。

使用 AI 制作姓名头像，一方面可以让我们通过个性化的设计特征展示自己的创意；另一方面，还可以让人们在互联网上获得独特的视觉效果象征，增强自己在社交媒体上的影响力和吸引力。

（1）打开 https://www.yishuzi.cn/ 网址，进入艺字网的主页界面，在文本框内输入姓名"张伟"后，选择合适的艺术字体进行设计，最后单击"立即生成"按钮生成个性签名，如下图所示。

（2）将生成的艺术签名保存至本地，打开 https://www.ishencai.com/ 网址，注册并登录进入神采 Pro 的主页界面，在左侧的菜单栏中选择"文字效果"选项，如下图所示。

（3）单击➕上传图标，将保存的艺术签名图片进行上传，如下图所示。

（4）在风格选择中选择"光影—秋天"，在渲染模式中选择"深度概念"，单击"开始生成"按钮，如下图所示。

（5）渲染完成后，神采将生成 3 张预览图片，单击选择照片可以预览最终效果，如下图所示。

（6）单击"滑块"选项，可以更加直观地观看字体前后的对比情况，单击上方的"下载"按钮即可选择下载方式，如下图所示。

用 AI 制作个性海报

在日常学习生活中，海报是一个能帮助人们抒发个人情感的重要媒介。无论是为了庆祝一个节日，还是作为自己的每日激励，抑或为了纪念一个特殊时刻，都可以通过海报来表达内心的喜悦与激动。

使用 AI 辅助制作海报，可以使海报成为一个更加强大、方便且灵活的媒介，节省时间的同时，让人们的思想情感借助 AI 的设计元素进行更好的表达。

（1）打开 https://www.x-design.com/ 网址，注册并登录进入美图设计室的主页界面，如下图所示。

（2）单击主页中间工具栏中的"AI海报"按钮，进入AI海报类型选择界面，如右图所示。

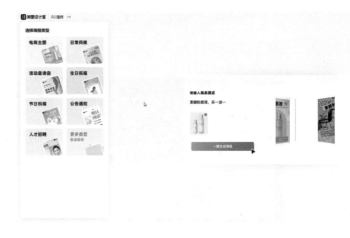

（3）选择"日常问候"选项，在对应的文本框内输入文字并进行修改，笔者输入主标题"青春无畏"，副标题"勇敢追梦，不负韶华"，描述"青春是一段无畏的旅程，它充满了梦想与希望。让我们勇敢追梦，不畏艰难，不负韶华"，单击下方的"生成"按钮，如右图所示。

（4）生成之后，选择合适的海报图片，单击"下载"按钮可以直接将海报保存至本地，单击"编辑"按钮可对图片中的文字部分及画面元素进行修改，如右图所示。

（5）画面中可单击选中的元素皆可修改，选中图中的 Logo 元素，单击 🗑 删除按钮即可删除，单击左侧选项卡中的"添加"按钮上传本地图片，或者将本地图片直接拖入海报编辑区，都可以进行素材添加。编辑完成后，单击右上角的"下载"按钮，将海报下载保存至本地即可完成全部操作，如下图所示。

用 AI 创作专属动漫角色

动漫角色是指人们在虚拟世界中根据自身情感、喜好与梦想所创造出的独特形象设计。每个人都渴望拥有一款专属于自己的、独一无二的动漫角色。如今，AI 绘画工具的出现为人们提供了自主绘制动漫角色的机会。借助这些工具，可以根据个人的审美和创意，绘制出属于自己的动漫形象。

这些精心创作的角色不仅可以作为人们在互联网上的代表形象，展现自己的个性和风格；而且拥有足够的能力后，甚至可以将它们制作成专属的形象玩偶，让它们在现实生活中陪伴自己，成为生活中的一部分。

（1）打开 https://www.liblib.art/ 网址，注册并登录进入哩布哩布 AI 的主页界面，如下图所示。

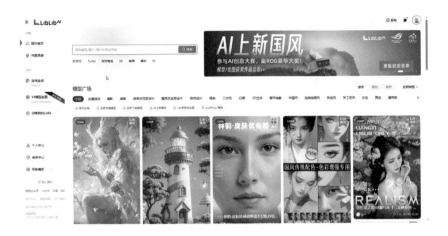

（2）在上方的搜索框内输入"好机友"搜索"好机友 Q 版角色"模型，如下图所示。

（3）单击"立即生图"按钮，在 Checkpoint 选项中选择 AWPainting_V（1）（3）safetensors 模型，在提示词文本框内输入"一个银色头发的动漫玩偶，身穿长袍，白色背景，正面、侧面、背面的三视图"，单击"翻译为英文"按钮，返回模型界面，将负面提示词复制在反向提示词文本框内，如下图所示。

（4）下滑鼠标滚轮，在"采样方式"选项中选择DPM++2M Karras采样方式，将宽高设置为"768×512"，选择"面部修复"复选框，其他参数保持不变，如下图所示。

（5）单击"开始生图"按钮，生成之后单击图片放大预览，得到满意的照片后进行放大操作。选择左侧工具栏中的"高分辨率修复"选项，在该选项下的"放大方法"选项中选择 R-ESRGEN_4X+，将"重绘幅度"设置为0.3，再次单击"开始生图"按钮，最终效果如下图所示。

第6章
畅游 AI 音、
视频创意世界

用 AI 创作歌曲

在日常生活中，音乐作为一种重要的情感媒介，能够帮助人们舒缓心情、释放压力，很多人自然会对创作和演唱歌曲产生浓厚的兴趣。

传统的音乐创作相对来说门槛较高，而使用 AI 技术进行歌曲创作则带来了前所未有的便利和可能性。通过 AI 进行歌曲创作，可以让同学们将自己的想法落实，提高自己的音乐素养，同时也可以通过网络平台将自己的音乐分享给更多热爱音乐的人，从而与更多热爱音乐的人进行交流互动。

（1）打开 https://www.singduck.cn/ 网址，下载安装唱鸭 App，注册并登录进入其主页界面，如下左图所示。

（2）单击屏幕上方的"AI写歌"图标，单击"去写歌"按钮进入创作歌词界面，在"创作歌词"文本框内进行填词，也可以在文本框内输入关键词，然后单击下方的"辅助填词"按钮生成歌词，最后在"自定义音乐元素"中输入音乐类型，也可以使用下方的示例模板生成音乐元素然后进行修改，如下右图所示。

（3）如果想要使用自己的声音进行歌曲演唱，在"选择歌手"中单击下方的"个性化音色"按钮，然后单击下方的"录制"按钮，按照要求进行清唱录制，如右图所示。

（4）在"选择歌手"选项中，选择代表自己的"个性化音色"，单击"生成歌曲"按钮，如下左图所示。

（5）歌曲生成后，在下方的创作任务中可对生成的歌曲进行编辑或发布，如下中图所示。

（6）单击"发布当前作品"按钮，唱鸭会根据歌词内容和歌曲风格自动生成 AI MV 封面，如下右图所示。单击"下一步"按钮，便可将 MV 保存至本地，或者将其发布到唱鸭 App 中，从而让更多人听到自己的声音。

用 AI 制作专属背景音乐

在制作视频或 PPT 时，背景音乐的选择至关重要，它应该与主题紧密相连，并具备情感引导力，从而帮助观众更深入地理解和感受内容。为了提升观看体验并强化内容的表达，可以借助 AI 音乐工具直接生成符合相应主题的背景音乐。这种方式不仅能够确保音乐与作品主题高度契合，还能极大地节省人们在寻找和筛选音乐上所花费的时间，使制作过程更加高效便捷。

（1）打开 https://suno.com/ 网址，注册并登录进入 Suno 的主页界面，如下图所示。

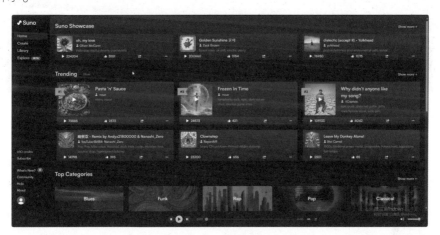

（2）单击左侧工具栏中的 Create（创建）按钮进入歌曲创作界面，单击 Instrumental（乐器）按钮进入乐器模式，如下图所示。

（3）在下方的 Style of Music（音乐风格）中填写音乐类型，这里笔者输入 Chill（放松、休闲）、Happy（欢快）进行尝试，在下方的 Title 中输入音乐标题，选择 V3 模型后，单击 Create 按钮，如下图所示。

（4）双击歌曲名称试听选中歌曲，在没有填写歌词的情况下，生成歌曲为只有乐器声音的纯音乐。试听完成后，单击歌曲选项，单击 Download（下载）选项中的 Audio（音频）或 Video（视频）按钮，便可将歌曲下载保存至本地，如下图所示。

用 AI 一键成片制作微课视频

微课视频作为"互联网 + 教育"模式下的新型学习手段，已经日益受到广泛关注。如今，微课视频的制作不再局限于教师群体，学生们也被积极鼓励参与其中。制作微课视频不仅有助于学生们拓宽知识视野，更能够培养他们的创新能力和实践技能，为其全面成长提供了有益的锻炼机会。

（1）打开 https:// yiyan.baidu.com/ 网址，注册并登录进入文心一言的主页界面，如右图所示。

（2）将语文书中《醉翁亭记》的原文粘贴在文本框内，并输入"将该文言文编为故事"指令，结果如右图所示。

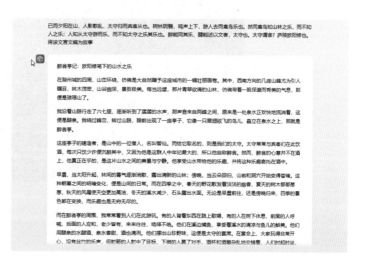

（3）在文本框内输入"字数查询"指令，得到的回复为此段故事大约为950字，接着在文本框内输入"缩减到五百字"指令，结果如下图所示。

（4）打开剪映专业版，在其主页单击"图文成片"选项，在其中选择"自由编辑文案"选项，将故事粘贴进文本框内，在界面右下角选择"知识讲解"的音色与"智能匹配素材"的成片方式，如下图所示。

（5）生成视频之后进行预览，笔者发现，如果仅有故事而不搭配原文，是很难起到最佳记忆效果的，单击上方工具栏"文本"选项中的"智能字幕"选项，选择文稿匹配，如下图所示。

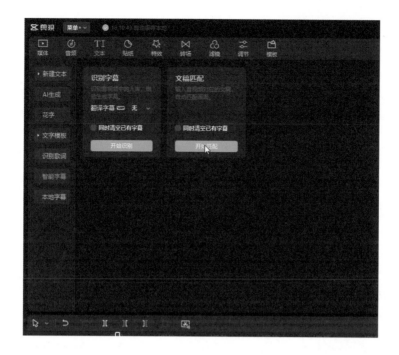

（6）单击"开始匹配"按钮，将原文粘贴到文本框内进行匹配，生成之后调整文字的字体、颜色和位置，最终结果如下图所示。

用 AI 制作演讲视频

在学校中，几乎每学期都有学校组织的演讲比赛，它给学生提供了一个提升口才表达能力和思维逻辑能力的舞台。现在，在准备这些演讲比赛时，可以使用 AI 工具完成思路整理，让人们将更多的时间放在观点的打磨之上。同时，还可以使用 AI 视频工具将自己的演讲内容录制成短视频，接受广大网友的反馈和建议，使自己能够更快地成长。

（1）打开 https://chatglm.cn/ 网址，注册并登录进入智谱清言的主页界面，在左侧选项卡中单击“AI 搜索”按钮，在文本框内输入“根据‘举报作弊，我错了吗？’生成相关演讲稿”指令，结果如右图所示。

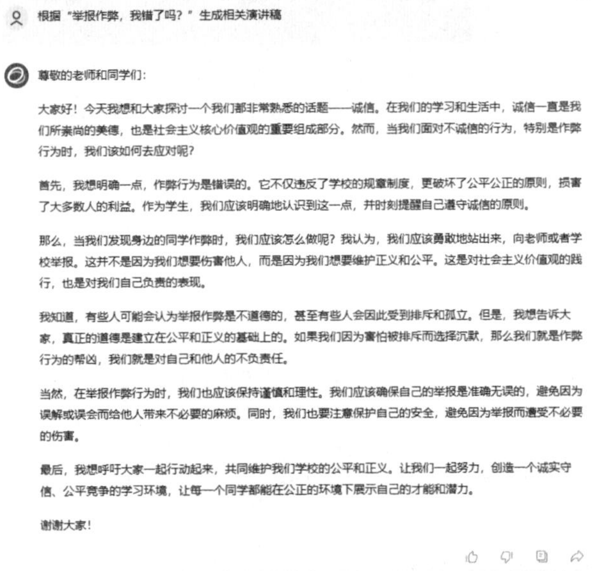

根据“举报作弊，我错了吗？”生成相关演讲稿

尊敬的老师和同学们：

大家好！今天我想和大家探讨一个我们都非常熟悉的话题——诚信。在我们的学习和生活中，诚信一直是我们所崇尚的美德，也是社会主义核心价值观的重要组成部分。然而，当我们面对不诚信的行为，特别是作弊行为时，我们该如何去应对呢？

首先，我想明确一点，作弊行为是错误的。它不仅违反了学校的规章制度，更破坏了公平公正的原则，损害了大多数人的利益。作为学生，我们应该明确地认识到这一点，并时刻提醒自己遵守诚信的原则。

那么，当我们发现身边的同学作弊时，我们应该怎么做呢？我认为，我们应该勇敢地站出来，向老师或者学校举报。这并不是因为我们想要伤害他人，而是因为我们想要维护正义和公平。这是对社会主义价值观的践行，也是对我们自己负责的表现。

我知道，有些人可能会认为举报作弊是不道德的，甚至有些人会因此受到排斥和孤立。但是，我想告诉大家，真正的道德是建立在公平和正义的基础上的。如果我们因为害怕被排斥而选择沉默，那么我们就是作弊行为的帮凶，我们就是对自己和他人的不负责任。

当然，在举报作弊行为时，我们也应该保持谨慎和理性。我们应该确保自己的举报是准确无误的，避免因为误解或误会而给他人带来不必要的麻烦。同时，我们也要注意保护自己的安全，避免因为举报而遭受不必要的伤害。

最后，我想呼吁大家一起行动起来，共同维护我们学校的公平和正义。让我们一起努力，创造一个诚实守信、公平竞争的学习环境，让每一个同学都能在公正的环境下展示自己的才能和潜力。

谢谢大家！

（2）智谱清言会根据指令进行解析，并给出相关答案。同时，也可在文本框内继续进行追问，如“如果因为举报作弊而被同学排斥，应该怎么办”，结果如右图所示。

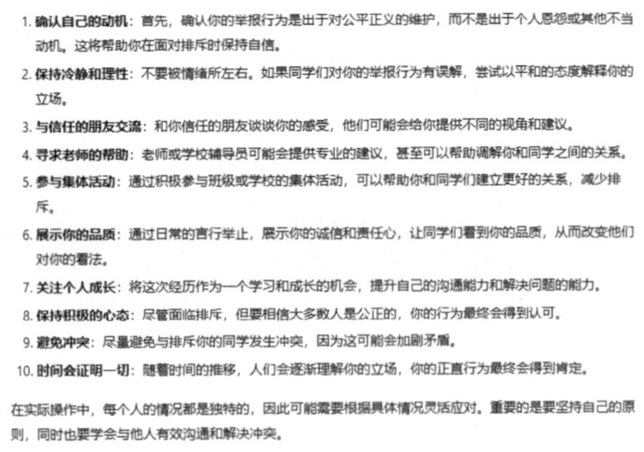

1. **确认自己的动机**：首先，确认你的举报行为是出于对公平正义的维护，而不是出于个人恩怨或其他不当动机。这将帮助你在面对排斥时保持自信。
2. **保持冷静和理性**：不要被情绪所左右。如果同学们对你的举报行为有误解，尝试以平和的态度解释你的立场。
3. **与信任的朋友交流**：和你信任的朋友谈谈你的感受，他们可能会给你提供不同的视角和建议。
4. **寻求老师的帮助**：老师或学校辅导员可能会提供专业的建议，甚至可以帮助调解你和同学之间的关系。
5. **参与集体活动**：通过积极参与班级或学校的集体活动，可以帮助你和同学们建立更好的关系，减少排斥。
6. **展示你的品质**：通过日常的言行举止，展示你的诚信和责任心，让同学们看到你的品质，从而改变他们对你的看法。
7. **关注个人成长**：将这次经历作为一个学习和成长的机会，提升自己的沟通能力和解决问题的能力。
8. **保持积极的心态**：尽管面临排斥，但要相信大多数人是公正的，你的行为最终会得到认可。
9. **避免冲突**：尽量避免与排斥你的同学发生冲突，因为这可能会加剧矛盾。
10. **时间会证明一切**：随着时间的推移，人们会逐渐理解你的立场，你的正直行为最终会得到肯定。

在实际操作中，每个人的情况都是独特的，因此可能需要根据具体情况灵活应对。重要的是要坚持自己的原则，同时也要学会与他人有效沟通和解决冲突。

（3）根据智谱清言给出的回复多次进行追问，最后在文本框内输入"就主题'举报作弊，我错了吗'与上述所有问答重新生成演讲稿"指令，结果如下图所示。需要注意的是，AI生成的演讲稿太过理性，要想做出高质量的演讲稿，还需进行自我解读与更改。

（4）接着便可以选择将演讲文案制作成视频，如果自身不愿出镜拍摄，可以在AI剪辑软件中添加卡通特效遮挡面部，或者使用"数字人"代替真人出境。

当选择使用"数字人形象"制作演讲视频时，打开 https://zenvideo.qq.com/ 网址，进入腾讯智影主页界面，如下图所示。

（5）单击"数字人播报"选项，在"数字人"选项中选择"照片播报"选项，然后选择"本地上传"自制数字人形象，如下图所示。

（6）在右下方选择"使用音频驱动播报"，然后上传自己的演讲音频，调整"数字人"的位置和大小，并拉动轨道中"数字人"的时长使其画面轨道与音频轨道一致，单击右上方"合成视频"按钮，如下图所示。

（7）合成完成之后，在"我的资源"中进行预览，单击草稿文件的"下载"按钮即可保存至本地，如下图所示。

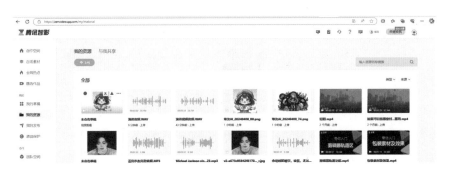

用 AI 进行音乐练习

音乐对青少年的成长至关重要，然而传统音乐学习受限于费用、地域和师资，许多青少年难以充分发掘自己的音乐潜能。

幸运的是，AI 在线乐器练习平台如今已经兴起。虽然它不能完全替代实地学习，但 AI 在线乐器练习却能够轻松突破时间和空间的限制。只要拥有网络和设备，青少年们便能随时随地进行音乐练习，这无疑对音乐素养的提升提供了极大的便利与帮助。

（1）打开 https://bbs.moonyueqi.com/ 网址，注册并登录进入 Moon 乐器社区界面，如右图所示。

（2）在上方的工具栏的"工具"选项中，可以选择不同的乐器进行练习，如右图所示。

（3）这里，笔者选择"工具"选项下的"在线虚拟钢琴"选项，即可单击相应琴键，或者按下对应琴键按钮进行虚拟钢琴练习，如下图所示。

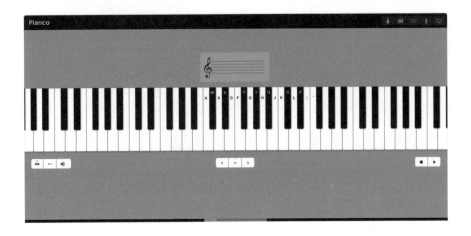

（4）除此之外，还有"在线五线谱记忆小工具"辅助五线谱的记忆练习，单击对应的琴键，或者在键盘上按下对应的按钮，即可进行测试练习，如下图所示。

（5）虽然无法代替实际练习，但是通过 AI 在线工具进行音乐练习，同样可以达到"书读百遍，其义自见"的效果，通过这种方式，同学们同样能够逐渐领悟音乐的内涵，提升自己的演奏技巧和音乐素养。

第 7 章
用 AI 进行
综合学习

用 AI 高效制作学习 PPT

制作 PPT 在日常学习过程中是经常遇到的，传统的制作方式往往会消耗大量的精力和时间。AI 技术的进步带来了革新性的解决方案——一键式 PPT 生成。只需输入所需 PPT 的主题及具体要求，AI 系统即可迅速执行资料检索、筛选、整合及设计等一系列工作，构建出完整且符合主题的演示文稿，从而提升整体学习效率与质量。

接下来，笔者将通过爱设计 AI 工具来制作关于朱自清的《背影》这篇课文的 PPT，具体操作步骤如下。

（1）打开 https://ppt.isheji.com/ 网址，注册并登录后进入如下图所示的页面。

（2）在文本框内输入所要生成的 PPT 主题，笔者想要生成一个关于朱自清的《背影》这篇文章的 PPT，在文本框内输入文字"课文朱自清《背影》的重点内容"，如下图所示。

（3）单击"开始生成"按钮，即可生成PPT的大纲，如下图所示。

（4）在界面右侧选择PPT模板，选好合适的模板后单击"应用模板"按钮，进入如下图所示的页面。

（5）单击"点击编辑"按钮后，AI生成12页完整的PPT，如下图所示。如果对所生成的PPT不满意，可以根据界面左侧的菜单进行二次编辑。

用 AI 制作思维导图

在学习课文知识时，思维导图作为一种有效的辅助工具，对于深入理解文章结构与主题起着至关重要的作用。传统的手绘思维导图方式耗时较多，随着 AI 技术的持续跃进，如今已能实现基于强大算法的快速信息处理，使得短时间内生成详尽的思维导图成为可能。无论原始素材是 PDF 文档、音频记录还是视频讲解，AI 均能精准捕获关键要点，迅捷地将其转化为逻辑清晰、结构有序的思维导图形态，从而显著提升学习效率与知识吸收能力。

接下来，笔者将通过文心一言 AI 工具整理出课文的思维导图，具体操作步骤如下。

（1）打开 https://yiyan.baidu.com/ 网址，登录后进入文心一言默认对话页面，单击左上方的"选插件"按钮，选择"TreeMind 树图"插件，在文本框中输入"用思维导图写出莫泊桑的《我的叔叔于勒》这篇小说故事的大纲"文本指令，如下图所示。

（2）单击文本框右侧的"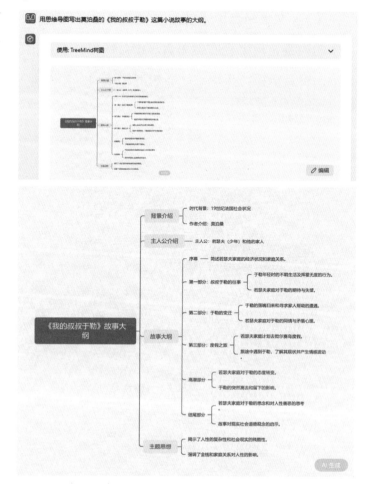"按钮，即可开始生成关于莫泊桑《我的叔叔于勒》小说故事大纲的思维导图，思维导图如右图所示。

（3）单击"编辑"按钮，可对思维导图进行编辑，如下图所示。

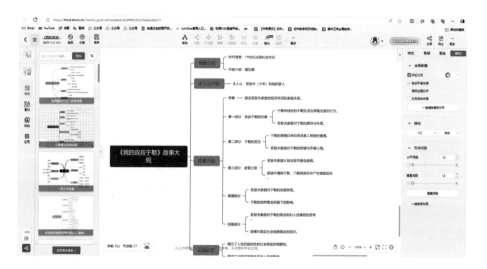

（4）在编辑页面不仅能对思维导图进行版式调整，还能通过 AI 扩充思维导图的内容，用鼠标右键单击思维导图框，在弹出的快捷菜单中选择"AI 智能生成内容"按钮，出现"续写扩展"选项，如下图所示。

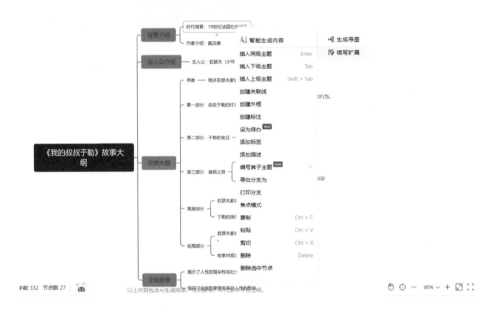

（5）选择"续写扩展"选项，即可生成扩展后的思维导图，如下图所示。

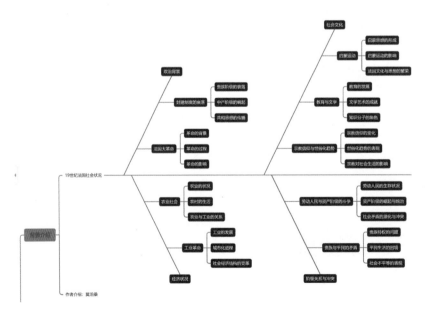

除了文心一言，360 浏览器 AI 助手也可以整理思维导图，它的一大特点是可以整合音频和视频文档的思维导图。

试卷分析

通过试卷分析进行学习规划可以更加有效地安排学习时间，避免将时间浪费在无关紧要的事情上。使用 AI 工具进行试卷分析，可以让 AI 通过分析试卷，找到自己的薄弱点，从而给出相应的学习规划。接下来，便可以结合自身的实际情况，将计划切实落地，确保能够深入理解每个知识点，并针对自己的薄弱环节进行有针对性的练习，以此来提升学习效果。

（1）打开 https://kimi.moonshot.cn/ 网址，注册并登录进入 Kimi.AI 的主页界面，单击 按钮上传自己的试卷文件，这里笔者以一份物理试卷为例，在文本框内输入"检查该试卷并做出问题解析"指令，如下图所示。

（2）单击"➤"按钮发送指令，Kimi.AI 会根据指令对试卷进行整理，并进行答案解析，得出的结果如右图所示。

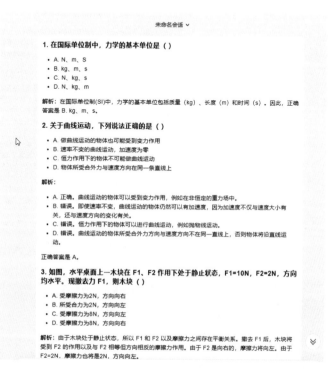

（3）接着，在文本框内输入"找出该试卷出现的错题和不足，制定相关知识点的补强计划"指令，得出的结果如右图所示。

补强计划：

1. **理解国际单位制：**
   ○ 复习国际单位制的基本概念，特别是力学的基本单位。
   ○ 通过练习题加深对不同物理量单位之间转换的理解。

2. **曲线运动的深入学习：**
   ○ 通过实例学习曲线运动的特点，如匀速圆周运动、平抛运动等。
   ○ 分析曲线运动中的速度、加速度和力之间的关系。

3. **共点力平衡的练习：**
   ○ 通过实际问题和练习题，加强对共点力平衡的理解和应用。
   ○ 学习如何正确分析物体受力情况，计算摩擦力。

4. **运动的合成与分解：**
   ○ 通过图解和例题，学习如何分解和合成运动。
   ○ 解决实际问题，如小船渡河、飞机飞行路径等。

5. **牛顿运动定律的应用：**
   ○ 重点复习牛顿第一、第二、第三定律。
   ○ 通过解决实际物理问题，加深对牛顿定律的理解。

6. **作用力与反作用力：**
   ○ 学习牛顿第三定律，理解作用力和反作用力的关系。
   ○ 通过练习题，加深对相互作用力的理解。

（4）最后，在文本框内输入"根据上述内容制定一个国庆节学习规划方案"指令，得出的结果如右图所示。

根据上述补强计划，我们可以为国庆节假期制定一个具体的学习规划方案。以下是一个假设的七天假期学习规划示例：

第一天：国际单位制与基本概念复习
- 上午：复习国际单位制（SI）的基本构成，包括力学的基本单位（kg、m、s）。
- 下午：通过在线测试或练习题检验复习效果，重点理解单位转换和物理量之间的关系。
- 晚上：整理错题，与同学或老师讨论不理解的概念。

第二天：曲线运动理解与应用
- 上午：学习曲线运动的基本概念，包括速度、加速度的方向关系。
- 下午：通过解决实际问题，如过山车的运动分析，加深对曲线运动的理解。
- 晚上：观看相关教学视频，巩固理论知识。

第三天：共点力平衡的练习
- 上午：复习共点力平衡的概念，学习如何分析物体受力情况。
- 下午：解决练习题，如斜面上物体的平衡问题。
- 晚上：总结解题技巧，准备第二天的模拟测试。

第四天：运动的合成与分解
- 上午：学习运动的合成与分解，理解速度和位移的向量性质。
- 下午：通过实例学习，如小船渡河问题，进行练习。
- 晚上：自主设计一个运动合成与分解的问题，加深理解。

第五天：牛顿运动定律的应用
- 上午：重点复习牛顿第一、第二、第三定律。

同时，由于每个人的生活习惯不同，所以 AI 提供的是一个通用的学习规划框架，最终仍然需要根据个人情况，结合 AI 给出的建议进行调整。

历史知识记忆

在历史等记忆类学科中，掌握有效的学习方法比单纯死记硬背更为高效。由于知识点繁多且零散，缺乏整体性，学生需要具备良好的整理归纳能力，并借助记忆技巧如联想记忆，以减轻记忆负担，提升学习效率。

AI工具能帮助学生将知识点串联起来，直观展示复杂的知识结构，或通过编写谐音、顺口溜等方式辅助记忆。与翻阅课本和资料相比，AI辅助能更高效地完成知识记忆。为进一步加深记忆，AI还可以整理相关典故的影视作品供学生观看，通过视觉呈现来强化记忆。

（1）打开 https://yiyan.baidu.com/ 网址，注册并登录进入文心一言的主页界面，在文本框内输入指令"以表格格式介绍中国从夏朝到新中国成立以来的所有重大事件（背景、时间、代表人物、目的、主张、主要活动、意义、启示）"。

（2）单击"✈"按钮发送指令，文心一言将根据指令自动将相关知识点进行整理，但受限于生成字数限制，文心一言只能生成简化版框架，如右图所示。

（3）之后便只需要在文本框内输入"继续生成"指令，便可继续根据表格形式生成全部历史事件。然后，可以在文本框内输入"记忆朝代更替的顺口溜"指令，单击"■"按钮，结果如下图所示。

记忆朝代更替的顺口溜

以下是一个用于记忆朝代更替的顺口溜，简洁明了，易于记忆：

"夏商西周和东周，春秋战国秦一统；
西汉东汉三国起，西晋东晋南北朝；
隋唐五代传十国，宋元明清帝王休。"

这个顺口溜按照时间顺序，简明扼要地概述了中国历史上的主要朝代更替。从夏朝开始，一直到清朝结束，每个朝代都被简洁地提及，帮助你在脑海中形成一个清晰的历史脉络。

（4）记忆朝代更替的顺口溜相对而言较为简单，继续在文本框内输入"朝代更替时间顺口溜"指令，结果如下图所示。

朝代更替时间记忆顺口溜

以下是一个关于朝代更替时间的记忆顺口溜，帮助你更好地记住中国历史上各个朝代的大致时间框架：

"夏朝约前二一，商朝约前十六七；
西周前十又四七，东周前二五六起；
春秋战国四百五，秦朝一统又十五；
汉分东西四零五，三国两晋又一五；
南北朝时一百七，隋唐一统又三七；
五代十国五十载，宋元明清九加一。"

这个顺口溜按照时间顺序，简要概述了从夏朝到清朝的主要朝代及其大致的统治时间。每个朝代的统治时间都被简化为一个易于记忆的数字或时间段。通过反复诵读这个顺口溜，你可以更容易地掌握中国历史上各个朝代的时间框架。

（5）最后在文本框内输入"解读这段顺口溜"指令进行辅助理解，便可轻松记忆朝代的更替时间，如下图所示。

这段顺口溜非常生动地概括了中国历史上各个主要朝代的更替时间，下面是对这段顺口溜的详细解读：

1. "夏朝约前二一"：夏朝大约在前2070年建立，这是中国历史上第一个有记载的朝代，标志着中国从原始社会进入奴隶制社会。

2. "商朝约前十六七"：商朝大约在前1600年建立，是中国历史上的第二个朝代，以其发达的青铜文明和丰富的甲骨文记载而著称。

3. "西周前十又四七"：西周大约在前1046年建立，是中国历史上的第三个朝代，实行分封制，为后世封建制度的形成奠定了基础。

4. "东周前二五六起"：东周大约在前770年开始，是西周后期的延续，这一时期，中国进入了春秋战国时期，社会动荡不安，但也孕育了丰富的思想文化。

5. "春秋战国四百五"：春秋战国时期大约持续了450年，这是中国历史上一个动荡而充满变革的时期，出现了许多思想家和政治家，如孔子、孟子、老子、庄子等。

6. "秦朝一统又十五"：秦朝在公元前221年实现了中国的首次统一，结束了春秋战国的分裂局面，但其统治时间只有短短的15年。

7. "汉分东西四零五"：汉朝分为西汉和东汉两部分，总共持续了约405年，这是中国历史上第二个大一统的朝代，期间出现了许多重要的历史人物和事件。

8. "三国两晋又一五"：三国时期、西晋和东晋总共持续了约150年，这是中国历史上的一个分裂时期，但也是思想文化非常活跃的时期。

9. "南北朝时一百七"：南北朝时期持续了约170年，这是中国历史上又一个分裂时期，期间佛教在中国得到了广泛传播。

10. "隋唐一统又三七"：隋唐时期，中国再次实现了大一统，并且开创了繁荣的盛世，总共持续了约370年。

11. "五代十国五十载"：五代十国时期是中国历史上的一个短暂而混乱的时期，持续了约50年，期间政权更迭频繁，社会动荡。

学术原著翻译

阅读英文原著是提升英语语感与理解能力的有效途径，可以使学生更深入地熟悉和掌握地道的英语表达方式。与此同时，借助 AI 翻译工具的辅助，能够更精准地学习和掌握单词、短语、语法和句型的实际应用细节，进一步拓宽语言学习的视野。这样一来，不仅能够更加流畅地运用英语，还能真正理解并掌握这门语言的精髓。

（1）打开 https://www.deepl.com/ 进入 DeepL 翻译器主页界面，单击上方的"应用程序"选项，进入如右图所示的界面。

（2）根据自己的地算机版本进行应用安装，安装后打开 DeepL 程序，单击"翻译文件"选项，在其中单击"浏览"按钮将英文原著上传，如右图所示。

（3）翻译完成后，便会生成中文翻译文档，如右图所示。

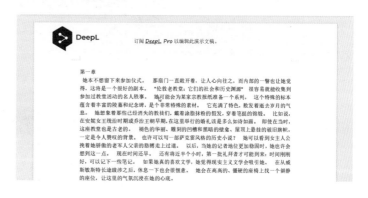

（4）如果想要比较直观地进行中英文翻译阅读，则只能使用其"翻译文本"功能，但"翻译文本"功能仅支持最高5000字符翻译，如右图所示。

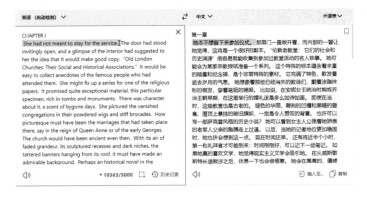

（5）如果使用的是Edge浏览器，那么便可以在应用程序下载安装界面中，单击"安装Edge拓展"按钮将DeepL加入Edge浏览器拓展中，那么在使用浏览器观看英文网站时，按住鼠标左键划过所需翻译的部分，将自动出现DeepL图标，如右图所示。

（6）单击该图标，同样可以完成对应文段文稿的翻译，如右图所示。

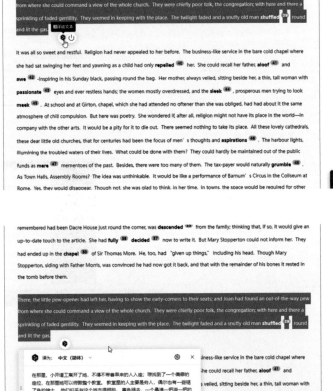

AI 编程学习

虽然与文生图、图生视频等 AI 技术相比，AI 编程还处于刚刚起步的阶段，但是，通过其不断地创新和应用的拓展，其潜力已逐渐显现。

在使用 AI 学习编程的过程中，同学们如果有任何相关问题，都可以与 AI 进行问答。其次，AI 可以根据同学们的描述生成相应的代码框架，让同学们将更多的精力放在编程逻辑的学习上，而不是花费在基础编码的烦琐工作上。最后，AI 还可以对编写的代码进行分析与优化，使同学们更轻松地学习和理解编程的精髓。

（1）打开 https://chatglm.cn/ 网址，注册并登录进入智谱清言的主页界面，在右侧工具栏中单击"智能体中心"选项，然后在搜索框内搜索 Python，如右图所示。

（2）选择"Python 程序猿"智能体，在文本框内输入"如何下载安装运行 Python"指令，单击给出的回复中的超链接跳转到下载页面，如右图所示。

（3）根据步骤 1 和步骤 2 完成下载安装，然后根据步骤 3 和步骤 4 验证并运行 Python，如右图所示。

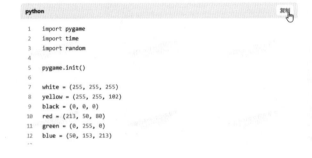

（4）Python 成功安装后，可以让智谱清言写一个代码进行参考模仿，在文本框内输入"一个贪吃蛇游戏的示例代码"，结果如右图所示。

一个贪吃蛇游戏的示例代码

当然，我可以为您提供一个简单的贪吃蛇游戏的Python示例代码。这个示例将使用Python的 pygame 库来创建游戏。如果您还没有安装 pygame，可以通过运行 pip install pygame 命令来安装它。

以下是一个基本的贪吃蛇游戏代码：

```python
1   import pygame
2   import time
3   import random
4
5   pygame.init()
6
7   white = (255, 255, 255)
8   yellow = (255, 255, 102)
9   black = (0, 0, 0)
10  red = (213, 50, 80)
11  green = (0, 255, 0)
12  blue = (50, 153, 213)
```

（5）这些常见的代码对于刚学习编程的同学们来说，可能既熟悉又陌生，这时可以在文本框内输入"解释第 1~5 行代码的意思"指令，得到的结果如右图所示。

第1行：导入pygame库。pygame是一个跨平台的Python模块，用于编写视频游戏，包括图像、声音、事件处理等功能。

第2行：导入time模块。time模块提供各种操作时间的函数，在这个游戏中，它可能被用来控制游戏的刷新速度或者计时。

第3行：导入random模块。random模块提供了生成随机数的函数，在这个游戏中，它可能被用来随机生成食物的位置。

第4行：调用pygame.init()函数。这个函数初始化pygame模块，加载所有的导入模块，必须在调用其他pygame函数之前调用它。

第5行：定义颜色。这一行定义了一个名为white的元组，包含三个整数，分别代表RGB颜色模型中的红色、绿色和蓝色分量的强度。在这个例子中，white代表白色，因为所有的分量都设置为最大值255。这个颜色值在后面的代码中可能会被用来设置游戏窗口的背景色、蛇的颜色、食物的颜色等。

（6）解决了代码问题之后，如果直接复制到 Python 中是无法运行的，这时，在文本框内输入"将该代码复制到哪里"指令，得到的结果如右图所示。

（7）单击生成代码中的"复制"按钮，在命令行界面中输入 pip install pygame 安装 Pygame 库，在 Python 应用目录中找到 IDLE 文件，在 File（文件）菜单中选择 New File（新建文件）命令，如右图所示。

（8）将代码复制到文本框内，在 Run（运行）选项卡中选择 Run Module（运行模块），便可获得一个生成简单的贪吃蛇的小游戏，如下页上图所示。

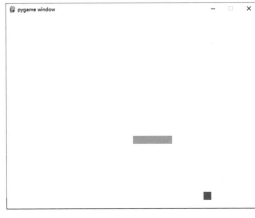

文档数据分析

数据分析的好处重点体现在考前准备上。在备考期间，同学们会浏览大量的学习资料或者进行大量的习题练习，从而更有效地做好考试准备。在这种情况下，使用 AI 工具进行相关资料的数据分析，可以更好地识别出其中的重点内容，找出高频考点，从而规避无效复习的情况，确保在考试中取得更好的成绩。

（1）打开 https://chatglm.cn/ 网址，注册并登录进入智谱清言的主页界面，单击下方文本框内的 "🗀" 上传按钮，上传所需解析的文档文件。智谱清言可以同时解析最多 10 个文件，笔者上传了 9 份英文文档，需要在其中找到出现频率最高的单词，在文本框内输入 "列举并翻译其中出现频率最高的 20 个单词以及其次数" 指令，如下图所示。

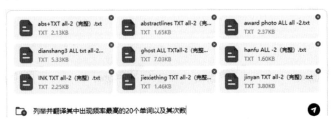

（2）智谱清言将根据指令要求进行单词总结，如右图所示。如果对文档有其他分析需求，可以在下方的文本框内输入相应的指令继续追问，来获取满意的信息。

根据文档内容，出现频率最高的20个单词及其出现次数如下：

1. hair - 167次 (头发)
2. makeup - 134次 (化妆)
3. closed mouth - 111次 (闭嘴)
4. dress - 108次 (连衣裙)
5. earrings - 100次 (耳环)
6. necklace - 97次 (项链)
7. eyes - 93次 (眼睛)
8. bracelet - 85次 (手镯)
9. hair ornament - 84次 (头发装饰)
10. lipsticks - 79次 (口红)
11. sash - 72次 (腰带)
12. ring - 72次 (戒指)
13. floating hair - 68次 (飘动的头发)
14. hat - 67次 (帽子)
15. gloves - 66次 (手套)
16. crown - 64次 (王冠)
17. headdress - 64次 (头饰)
18. boots - 63次 (靴子)
19. jewelry - 62次 (珠宝)
20. dress - 62次 (连衣裙)

以上是文档中出现频率最高的20个单词及其出现次数的列举和翻译。

（3）比如，单击下方文本框内的"📁"上传按钮，上传整个英语单元的学习文件，在文本框内输入"对该单元所有部分进行详细数据分析"指令，如右图所示。

该单元所有部分进行详细数据分析如下：

文档1(Section A 1a-2d)

- 词汇：重点词汇包括"prefer"、"Australian"、"electronic"、"suppose"、"smooth"、"spare"、"director"、"case"、"war"等。
- 语法：重点学习名词/代词+that/which/who引导的定语从句。
- 听力：通过听力练习，理解对话内容，提高听力理解能力。
- 口语：通过角色扮演练习，锻炼口语表达能力。

文档2(Section A 3a-3c)

- 词汇：学习新词汇，如"stick"、"dialog"、"ending"、"documentary"、"drama"、"plenty"、"shut"、"superhero"等。
- 语法：练习名词/代词+that/which/who引导的定语从句。
- 阅读：通过快速阅读、细节阅读、段落大意练习，提高阅读理解能力。

文档3(Grammar Focus-4c)

- 语法：详细讲解名词/代词+that/which/who引导的定语从句。
- 练习：通过各种形式的语法练习，巩固定语从句的用法。

文档4(Section B 1a-1d)

- 词汇：重点词汇包括"Michael"、"unusual"、"writers"、"explain"、"scary"等。
- 语法：练习名词/代词+that/which/who引导的定语从句。
- 听力：通过听力练习，提高听力理解能力。
- 口语：通过小组讨论练习，锻炼口语表达能力。

文档5(Section B 3a-3c)

最后，结合自身情况针对文档中的某一点进行追问，以提高自己复习、预习的学习效率。

头脑风暴

在参与一些学校项目时，各小组成员经常会共同开展头脑风暴活动，以激发创新思维，挖掘独特见解。然而，面对这样的思维碰撞，有时难免会遭遇灵感枯竭，脑中一片空白。此时，可以适时引入 AI 辅助工具来协助头脑风暴，AI 工具能迅速生成丰富多样的创意概念，提供源源不断的灵感源泉，从而助力集体创新进程。

（1）打开 https://yiyan.baidu.com 网址，注册并登录进入文心一言的主页界面，在文本框内输入"初中夏季运动会策划案，如何表现出 10 后的精神面貌"指令，如右图所示。

（2）单击"✈"按钮发送指令，文心一言将根据主题内容生成夏季运动会的相关策划方案，结果如右图所示。

（3）从文心一言的回复来看，创意项目与技能挑战能够吸引更多的同学参加，观赏性也较高，在文本框内输入"创意项目与技能挑战项目列举，要求：新颖、趣味性强"指令，结果如下图所示。

（4）如果对生成结果不满意，可以在文本框中输入"更换""不够好"等相关指令，让文心一言进行修改，如果对生成结果较为满意，可以让文心一言进行详细说明。比如，在文本框内输入"'篮球神射手'大赛团队赛规则与奖励"指令，结果如下图所示。

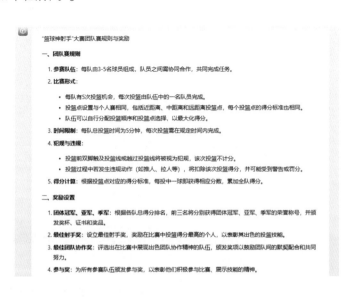

辩论问答

学校里的辩论类比赛是锻炼同学们思维和表达能力的重要活动，但如果没有经历过大量的练习，即使知识储备再丰富，也很难在辩论赛中发挥出应有的水平。通过 AI 辅助进行辩论问答模拟，可以让同学们在没有对手的情况下也能进行辩论练习。虽然 AI 无法完全代替实际的辩论练习，但它却可以作为一种有效的辅助手段，帮助人们为未来的比赛做好充分的准备。

接下来，笔者将通过 DeepSeekAI 工具来针对"顺境更有利于成长，还是逆境更有利于成长"相关问题展开辩论问答，具体操作步骤如下。

（1）打开 https://www.deepseek.com/ 网址，进入 DeepSeek 的主页界面，现在笔者是站在"顺境更有利于成长"的这一方的，所以，笔者在文本框内输入"有一个辩论的题目是'顺境更有利于成长，还是逆境更有利于成长'，请列举出'逆境更有利成长'的相关论据"的指令，如下图所示。

我是 DeepSeek，很高兴见到你！

我可以帮你写代码、读文件、写作各种创意内容，请把你的任务交给我吧~

顺境更有利于成长还是逆境更有利于成长？我方观点是：逆境更有利成长。|

🔮 深度思考 (R1)   🌐 联网搜索   📎 ↑

（2）打开"深度思考"选项和"联网搜索"选项，点击右侧的 按钮，即可得到相关回答，部分回答结果如下所示。

针对"逆境更有利于成长"的立论框架，我将从以下四个维度进行系统阐述，并提供具体论据支持：

一、认知维度：逆境推动深度思考与认知升级

神经科学实证：加州大学研究发现，适度压力刺激能促进海马体神经元树突生长，提升信息处理效

率。如爱因斯坦在专利局工作期间受学术圈排斥，反而激发相对论深度思考。

决策能力培养：哈佛商学院追踪研究显示，经历过创业失败的企业家二次成功率提高47%，其商业决策精确度提升32%。马斯克SpaceX三次发射失败的经历，促成可回收火箭技术突破。

（3）知道相关的辩论论据后，便可以跟DeepSeekAI进行辩论，在文本框中输入"我们是辩论的两方，你的观点是'顺境有利于成长'，我的观点是'逆境更有利于成长'，请与我展开辩论"的相关指令，部分回答结果如下所示。

一、基础保障维度：顺境提供成长必需资源池

教育资源实证：OECD数据显示，家庭收入前20%的青少年高等教育获得率是后20%的4.3倍。牛顿在剑桥三一学院期间享受英国顶级实验室资源，奠定经典力学体系。

驳：您提到的爱因斯坦案例，实际受益于瑞士专利局稳定薪资与业余研究时间，这恰是顺境要素。

健康资本积累：WHO研究证实，营养充足地区青少年平均身高比贫困地区高9.2cm，脑灰质体积多12%。芬兰教育奇迹（PISA三连冠）建立在人均教育投入超欧盟均值35%的基础上。

驳：航天员的离心机训练是可控、有医疗监护的顺境模拟，与真实逆境存在本质区别。

境的3.8倍（MIT《创新密度报告》）。

驳：马斯克的回收火箭突破依赖NASA技术转让与政府订单，恰是顺境协同成果。

（4）当然，辩论是没有终止的，AI也不会词穷。在经历了多次辩论回合后，在文本框内输入"总结关于'顺境更有利于成长，还是逆境更有利成长'辩题的正反方观点，进行结辩陈述"指令，部分回答结果如下所示。

结辩陈述：

在这场关于成长环境的哲学思辨中，我们触摸到了人类文明演进的双螺旋结构。正反双方的观点恰似阴阳两极，共同构成了生命成长的完整图景。但若追问何种环境更具成长催化效能，我们需要穿透表象，审视三个本质维度：

第一性原理维度：

顺境构建的是物质世界的"牛顿定律"——通过稳定资源供给实现线性积累，如硅谷工程师在顶级实验室中迭代芯片制程；而逆境激活的是量子世界的"跃迁机制"——通过能级扰动触发范式突破，如新冠疫苗研发周期从十年压缩至十月。神经经济学研究显示，当人类面对8%左右的适度逆境时，前额叶皮层激活强度达到峰值，这正是成长效能的黄金分割点。

第 8 章
用 AI 学习
语文和英语

利用 AI 高效学习语文

用 AI 进行个性化诗词创作

在学习诗词的过程中，面对仿写练习这一挑战，对诗词涉猎尚浅的学习者而言，往往会感到困难。AI 技术为此类困境提供了有效的解决方案。AI 作诗工具通过深度学习海量的诗词样本，不仅融汇了历史、地理、文化等多元领域的知识，还能精准模拟并巧妙融合多种诗词风格，甚至能创造性地书写出新颖独特的诗句。

接下来，笔者将通过智谱清言 AI 创作工具，以人教版语文八年级上册的唐诗《钱塘湖春行》为例，利用 AI 进行诗词的仿写再创作练习，具体操作步骤如下。

（1）进入 https://chatglm.cn/ 网址，注册并登录后进入智谱清言默认页面，如下图所示。

（2）在界面下方的文本框内输入文字指令，在写文字指令时，一定要明确让 AI 所做的内容。这里的任务是诗词仿写，那么在文字指令中一定要明确仿写原诗词的诗词内容，对于比较经典的诗词不需要整首输入，而对于小众的诗词则需要整首输入，因为白居易的《钱塘湖春行》比较经典，所以在文字指令中仅需要输入题目和主旨内容，笔者输入的指令为"白居易所写的《钱塘湖春行》通过杭州西湖早春明媚风光的描绘，抒发了早春游湖的喜悦和对西湖风景的喜爱。请按照此诗的主旨创作一首诗，题目需要另起"，如下图所示。

白居易所写的《钱塘湖春行》通过杭州西湖早春明媚风光的描绘，抒发了早春游湖的喜悦和对西湖风景的喜爱。请按照此诗的主旨创作一首诗，题目需要另起。

優化

（3）单击文本框右侧的" "按钮，开始生成诗词，AI 仿写的诗词如下所示。

《春日游湖》

春日钱塘湖上游，风光依旧媚人眸。

绿波荡漾轻舟行，柳岸花开鸟语鸣。

山色远含烟水绿，云霞轻绕塔峰头。

世间美景难独有，此间风情独占优。

早春漫步湖边径，心怀喜悦喜无边。

此景此情难得遇，愿将诗笔留人间。

（4）如果想要和《钱塘湖春行》的体裁保持一致性，则需要在文字指令中加入明确体裁的指令。《钱塘湖春行》属于七言律诗，笔者再次输入的文字指令为"请创作一首七言律诗，以白居易所写的《钱塘湖春行》为主题，通过杭州西湖早春明媚风光的描绘，抒发了早春游湖的喜悦和对西湖风景的喜爱。请确保诗句符合原诗的主旨，并创造性地给出一个合适的题目"，如下图所示。

请创作一首七言律诗，以白居易所写的《钱塘湖春行》为主题，通过杭州西湖早春明媚风光的描绘，抒发了早春游湖的喜悦和对西湖风景的喜爱。请确保诗句符合原诗的主旨，并创造性地给出一个合适的题目。

 优化

（5）再次单击文本框右侧的""按钮，开始生成诗词，AI仿写的七言律诗体裁诗词如下所示。

《湖畔春行》

湖光山色渐分明，柳绿桃花映水城。遥望雷锋浮塔影，近闻苏小唱歌声。

间关莺语花底滑，幽咽泉流山际鸣。渐觉春光无障碍，游人欢笑乐无穷。

如果想要继续生成其他体裁的诗词，在文本框内输入相关诗词体裁指令即可。

用 AI 进行文章鉴赏

在学习语文课文时，往往需要对那些富含深意的经典篇章进行鉴赏与剖析，以便更好地领悟作者的思想内涵，把握文章的主题脉络。然而，由于个体认知水平、文学素养及理解能力的局限性，在自行解读时往往难以做到面面俱到。

人工智能技术的发展为此提供了新的解决方案。AI 凭借其强大的数据处理能力和深度学习算法，能够多角度地对文章内容进行详尽解析，使得读者在学习语文课文时，能够突破个人认知的壁垒，获得多元化的理解视角。

接下来，笔者将通过豆包 AI 工具对余华的《活着》这篇小说进行鉴赏，具体操作步骤如下。

（1） 进入 https://www.doubao.com/ 网址，注册并登录后进入如下图所示的页面。

（2）单击左侧菜单栏中的"豆包"图标，在对话框内输入想要写的内容指令，笔者想要对文学作品进行鉴赏，在文本框中输入"请写一篇关于余华《活着》的小说阅读鉴赏"，生成的内容如下所示。

《活着》是余华的一部代表性作品，以其深刻的人生哲理和感人至深的故事情节而备受读者喜爱。以下是对《活着》的一篇阅读鉴赏：

主题与思想：小说通过讲述福贵的一生，探讨了生命的意义和存在的价值。在福贵的经历中，他经历了无数的苦难和挫折，但始终保持着对生命的执着和坚韧。小说表现了作者对人类生存状态的关注，以及对命运、苦难和死亡的思考。

人物形象：福贵是一个典型的中国农民形象，他勤劳、善良、坚韧，但也有许多人性的弱点。通过福贵的一生，读者看到了一个真实而复杂的人物形象，也感受到了生命的无奈和悲壮。

叙事风格：小说采用了第一人称的叙事方式，以福贵的视角讲述故事，使读者更容易产生共鸣。余华的语言简洁明快，富有表现力，他以朴实的文字描绘出了福贵的生活，使读者感受到了生命的沉重和无奈。

情节与结构：《活着》的情节跌宕起伏，充满了戏剧性和悲剧性。小说以时间为线索，通过福贵的回忆，展现了他的一生。这种回忆式的叙事结构，使小说在情节上更加连贯，也使读者更容易理解福贵的内心世界。

艺术特色：余华以其独特的艺术风格，创造了一个充满悲情和荒诞的世界。他通过对福贵的描写，展现了人类在苦难面前的渺小和无助，同时也表现了人类的坚韧和对生命的尊重。

总之，《活着》是一部思想深刻、艺术精湛的优秀作品。它以独特的视角和感人至深的故事情节，展现了人类的生存状态和生命的意义，值得我们细细品味和深思。

（3）此时生成的作品鉴赏内容往往比较浅显且篇幅较少，接下来需要对输入的文字指令进行调整。指令的输入是有一定技巧的，对于作品鉴赏来说，想要得到一篇完整的鉴赏，需要明确内容要求和鉴赏结构，笔者对文本指令进行了调整，输入了"请从文本分析、主题识别、情感体验、语言分析、评价鉴赏等方面写一篇关于余华《活着》的小说阅读鉴赏"，AI给出的具体鉴赏内容如下所示。

《活着》是余华的一部经典之作，其文本蕴含着丰富的内涵，主题独特而深刻，情感体验真挚深沉，语言质朴而有力，具有极高的评价鉴赏价值。

一、文本分析

情节结构：以福贵的人生轨迹为线索，展开了一幅中国近现代社会的生活画卷。情节跌宕起伏，福贵经历了无数的苦难和挫折，如家庭的变故、社会的动荡等。这些情节紧密相扣，互为因果，使故事具有强烈的逻辑性和连贯性。

人物塑造：福贵这一形象具有鲜明的特点。他既有着坚韧不拔的品质，又有着普通人的弱点和无奈。其他人物形象也各具特色，如家珍的贤惠、凤霞的善良等，他们共同构成了一个丰富多彩的人物群像。

场景描写：虽然简洁，但却能够生动地展现出不同场景的特点。例如，对农村生活场景的描写，让读者感受到了乡村的质朴与宁静。

二、主题识别

生命的坚韧与无奈：作品强调了生命在面对重重困境时的顽强与坚韧，同时也揭示了人类在命运面前的无奈与无力。

对命运的思考：引导读者思考命运的无常和不可捉摸，以及人在命运面前的选择和态度。

三、情感体验

苦难中的温情：福贵在艰难的生活中，与家人之间的亲情、友情成为他坚持活下去的重要支撑。这种在苦难中展现的温情，让读者感受到了人性的光辉。

悲伤与希望的交织：故事中充满了悲伤与痛苦，但也不乏希望与温暖。这种情感的交织，使读者的情感体验更为丰富和复杂。

四、语言分析

简洁而深刻：余华的语言简洁明了，却能传达出深刻的思想和情感。

质朴真实：这种语言风格使读者更容易产生共鸣，感受到故事的真实性和感染力。

五、评价鉴赏

艺术价值：具有独特的艺术风格和高度的艺术成就。它以平凡的故事展现了不平凡的人生哲理，具有强烈的艺术感染力。

文化意义：通过福贵的人生经历，反映了中国传统文化中对家庭、亲情的重视，以及中国人民在历史变迁中的生存状态和精神追求。

对读者的影响：使读者深刻地思考人生的意义和价值，以及在面对困难和挫折时应有的态度和勇气。

用 AI 进行文言文句子翻译

对一部分学习者而言，掌握和理解文言文是一项艰难的任务，特别是在进行文言文翻译时，由于其独特的语言结构和丰富的文化内涵，往往使人感到困惑，接下来，笔者将通过通义千问 AI 工具，展示如何使用 AI 技术解决这一难题，具体操作步骤如下。

（1）打开 https://qianwen.aliyun.com/ 网址，进入通义千问默认对话页面，在下方的文本框内输入文字指令，因为《孙权劝学》这篇文言文较为经典，所以在对话框中不需要输入原文。笔者输入的文字指令如下所示。

请提供《孙权劝学》这篇七年级课文（出自人教版七年级语文教材）的文言文准确翻译，并按照以下格式回答：

翻译内容：

翻译过程：

翻译结果：

注：请确保翻译忠实于原文，并清晰、准确，反映出原文的语言特色和文学价值。

（2）单击文本框右侧的"▱"按钮，即可进行文言文翻译。得到的 AI 回答如下所示。

翻译内容：

初，权谓吕蒙曰："卿今当涂掌事，不可不学！"蒙辞以军中多务。权曰："孤岂欲卿治经为博士邪！但当涉猎，见往事耳。卿言多务，孰若孤？孤常读书，自以为大有所益。"蒙乃始就学。及鲁肃过寻阳，与蒙论议，大惊曰："卿今者才略，非复吴下阿蒙！"蒙曰："士别三日，即更刮目相待，大兄何见事之晚乎！"

翻译过程：

初：起初，当初。权谓吕蒙曰：孙权对吕蒙说。卿今当涂掌事：你现在身居要职，执掌事务。不可不学：不能不学习（强调学习的重要性）。蒙辞以军中多务：吕蒙用军中事务繁忙作为推托的理由。孤岂欲卿治经为博士邪：我哪里是要你去研究儒家经典当博士呢？但当涉猎，见往事耳：只是应当广泛浏览书籍，了解历史而已。卿言多务，孰若孤：你说事务繁多，谁能比得上我（孙权）呢？孤常读书，自以为大有所益：我经常读书，自认为有很大的好处。蒙乃始就学：于是吕蒙开始学习。及鲁肃过寻阳：等到鲁肃经过寻阳的时候。与蒙论议，大惊曰：鲁肃与吕蒙交谈，非常惊讶地说。卿今者才略，非复吴下阿蒙：你现在的才干谋略，已经不再是以前那个吴县的阿蒙了。士别三日，即更刮目相待：人离开一段时间后就应该重新审视他。大兄何见事之晚乎：长兄你怎么到现在才认识到这个道理呢！

翻译结果：　起初，孙权对吕蒙说："你现在身居高位，处理政务，不可以不学习啊！"吕蒙用军务繁忙为由推辞。孙权回应道："我哪里是让你专攻经书去做学问家呢？只是希望你广泛阅读，了解历史罢了。你说自己忙，谁又能比我更忙呢？但我总是抽空读书，觉得大有裨益。"听罢，吕蒙便开始致力于学习。后来，当鲁肃路过寻阳时，与吕蒙讨论事情，鲁肃惊叹道："你现在的才能谋略，不再是当年在吴县的那个吕蒙了！"吕蒙答道："对于一个人，三天不见就应该重新看待，长兄怎么现在才发现我的变化呢？"

（3）在得到《孙权劝学》这篇课文的文言文翻译后，可以对其中的虚词进行整理和相关知识拓展。笔者输入的文字指令为"请按照文言文的语法特点，列出这篇文章中的虚词以及这些虚词的其他使用方法，并通过例句来简要解释它们的意义"，AI整理的虚词如下图所示。

请按照文言文的语法特点，列出这篇文章中的虚词以及这些虚词的其他使用方法，并通过例句来简要解释它们的意义

根据搜索到的内容总结如下

《孙权劝学》中出现了一些典型的文言虚词，下面是其中几个虚词及其用法，包括它们在文中的意义和其它常见用法示例：

1. **以**
   - 在文中用法：蒙辞**以**军中多务。这里"以"表示原因，相当于"因为"。
   - 其他用法示例：学**以**致用。（用来达到）

2. **岂**
   - 在文中用法：孤**岂**欲卿治经为博士邪！这里"岂"用于反问，相当于"难道"。
   - 其他用法示例：斯人**岂**池中之物乎？（难道是...吗？）

3. **但**
   - 在文中用法：**但**当涉猎。这里"但"表示"只"，"仅仅"。
   - 其他用法示例：**但**愿人长久，千里共婵娟。（只希望...）

4. **为**
   - 在文中用法：孤岂欲卿治经**为**博士邪！这里"为"是"意为""成为"。
   - 其他用法示例：知之者不如好之者，好之者不如乐**为**者。（乐于去做...）

5. **耳**
   - 在文中用法：见往事**耳**。这里"耳"作为语助词，相当于"罢了"。
   - 其他用法示例：此小事，不足挂齿**耳**。（罢了，不值一提）

6. **若**
   - 在文中用法：卿言多务，**孰若**孤？这里"若"用于比较，相当于"比得上"。
   - 其他用法示例：万里赴戎机，关山度**若**飞。（像...一样快）

7. **所**
   - 虽然在提供的文本片段中未直接出现，但在文言文中常见，"所+动词"构成名词性结构，表示"...的地方/人/事物"。
   - 其他用法示例：**所**以遣将守关者，备他盗之出入与非常也。（...的原因）

以上虚词在文言文中极为常见，它们在不同的上下文中可以表达多种语法意义，对于理解文言文的句意至关重要。

用 AI 创作不同风格的写作

在锤炼写作技巧的过程中，主动尝试模拟不同杰出作家的独特风格是一种行之有效的提升手段。通过这种方式，能够汲取各家之所长，丰富自己的表达方式和修辞手法，从而拓宽文学视野。考虑到作家公开作品的有限性，借助 AI 技术生成风格化的模拟文本，无疑能为人们提供更为广阔的研习素材，助力人们更好地理解和掌握这些杰出作家的艺术特色，进一步提升个人写作水平。接下来，笔者将通过通义千问 AI 工具来用鲁迅的口吻给唐·吉诃德写一封信，具体操作步骤如下。

（1）打开 https://qianwen.aliyun.com/ 网址，进入通义千问默认对话页面，在下方的文本框内输入文字指令，笔者输入的文字指令为"用鲁迅的风格口吻，写给唐·吉诃德的一封信。"，如下图所示。

用鲁迅的风格口吻，写给唐·吉诃德的一封信。

（2）单击文本框右侧的"▣"按钮，即可生成鲁迅口吻的一封信。具体内容如下图所示。

A　　用鲁迅的风格口吻，写给唐·吉诃德的一封信。

▽　　**亲爱的唐·吉诃德先生**

在这个荒诞与现实交织的时代，我提笔向你致意，带着些许诙谐，几分敬意，还有无尽的思索。你，一个游走在幻想与真实边缘的骑士，以你的长矛挑战风车，以你的盔甲对抗虚无，这一幕幕，不啻为世间最奇特的风景。

世人笑你痴狂，我却从中窥见了不屈与纯粹。在你那看似荒谬的行为背后，藏着一颗拒绝平庸、追求理想的心。这世界，何其需要这样的勇者，敢于以一己之力，挑战那些被众人视为不可撼动之物。你的每一次冲锋，都是对现实的一次质问，对理想国的一次追寻。

然而，先生，你的故事也让我深感悲凉。悲凉于梦想与现实之间的鸿沟，悲凉于世人对真诚与热情的冷漠。你用行动诠释了"知其不可而为之"的悲壮，却也让人反思，是否所有的理想都必须以孤独和误解为代价。在这条孤独的征途上，你既是勇士，也是囚徒，被自己的梦想所束缚，也被他人的目光所囚禁。

我常想，若你我生于同一时代，或许能成为彼此理解的知己。在这个同样充满矛盾与挣扎的世界里，我们可以一同嘲笑那些虚伪的面具，一同揭露那些隐藏在光明背后的阴暗。但愿我的笔，能如你的剑一般锋利，刺破谎言，揭示真相，哪怕这真相令人痛苦。

最后，我还想说，尽管你的战斗看似徒劳，但请不要放弃。因为正是有了像你这样不畏嘲笑、坚持信念的人，这个世界才不至于完全沉沦于庸俗与绝望之中。你的每一次努力，都在为后来者照亮前行的道路，让他们知道，在这漫长而艰辛的旅途中，至少还有人曾经勇敢地梦想过，奋斗过。

愿你在理想的道路上继续前行，即便前路漫漫，亦无惧风雨。而我，将以我的文字，为你呐喊，为你守望。

敬祝英勇无畏，

鲁迅于虚拟的历史交汇处

👍 👎 🗐 ↻ ☑

（3）可以在文本框中输入"请细致分析鲁迅风格在给定的信件中的具体体现，并总结出鲁迅风格的特点。"指令，来分析这封信中鲁迅风格具体体现的方面，AI 的问答如下图所示。

▽　　🔍 根据搜索到的内容总结如下

在上述致唐·吉诃德的信件中，鲁迅风格的体现可以从以下几个方面进行细致分析：

1. **讽刺与幽默并存**：信件开头即以"荒诞与现实交织的时代"作为背景，带有一定的讽刺意味，对现实世界的复杂性进行了微妙的批判。同时，通过将唐·吉诃德的行为描述为"世间最奇特的风景"，既表达了对唐·吉诃德 理想主义的敬意，也隐含了对其行为在外人眼中显得荒唐的幽默感。

2. **深刻的社会批判**：鲁迅风格的一个显著特点是深刻的批判精神。信中提到"悲凉于世人对真诚与热情的冷漠"，以及"嘲笑那些虚伪的面具，揭露那些隐藏在光明背后的阴暗"，这些直接指向了社会的冷漠与虚伪，体现了鲁迅对于社会现象的深刻洞察与批判。

3. **语言的凝练与力度**：信件使用了诸如"知其不可而为之"的成语，以及"刺破谎言，揭示真相"等有力的表达，展现了鲁迅风格中语言的凝练与力度，能够以简洁明快的文字传达深邃的思想和强烈的情感。

4. **理想主义与现实主义的融合**：鲁迅在信中既赞美了唐·吉诃德的理想主义精神，又不避讳地指出理想与现实之间的冲突，这种结合体现了鲁迅风格中对理想与现实矛盾的深刻认识，以及在矛盾中寻求真理与价值的努力。

5. **人文关怀与悲悯之情**：鲁迅在信中流露出对唐·吉诃德个人命运的深切同情，以及对他坚持理想的尊重，这种人文关怀和悲悯之情是鲁迅作品中常见的情感色彩，体现了作者对个体尊严与价值的重视。

总结鲁迅风格的特点，可以归纳为：

• **深刻的社会批判性**：不回避社会问题，敢于直面并批判社会的弊病。
• **语言的精炼与犀利**：以简洁有力的文字表达复杂深邃的思想。
• **讽刺与幽默的巧妙运用**：在批判中融入讽刺与幽默，使作品既严肃又不乏趣味。
• **理想与现实的深刻碰撞**：展现理想主义情怀，同时揭示理想与现实的差距，引发深思。
• **浓郁的人文关怀**：对人性的深刻洞察，对弱者的同情与关怀，体现人文主义精神。

用 AI 修改病句

修改病句是常见的语文题目，这种题目对于许多同学来说都相当有难度，因为这不仅要求同学有深厚的语文功底、严谨的逻辑，还要有语感。因此，每当遇到这样的题目时，许多同学往往经过长时间思考，仍无法得到正确的答案。

面对这一窘境，不妨借助 AI 技术。看上去同学们借助 AI 获得了答案，好像是投机取巧，但实际上这与直接看答案还是有本质区别的。因为，在使用 AI 时，同学们可以知其然，并知其所以然，通过不断发问，让 AI 深入解析题目。

接下来，笔者将通过文心一言 AI 工具来修改病句，具体操作步骤如下。

（1）打开 https://yiyan.baidu.com/ 网址，进入文心一言对话页面，在下方的文本框中输入相关指令。笔者输入的文字指令如下所示。

生命没有高低贵贱之分。尽管我们很渺小，但应该必须让自己知道"我很重要"。对父母，我们是他们安享晚年的保障;对朋友，我们是他们倾诉衷肠。任何时候都不要看轻自己，要敢于说"我很重要"，这样，你的人生才会走进新的一页。让我们昂起头，对着我们这颗无数的美丽星球上的生灵，响亮地宣布我很重要! 以上句子存在语病错误，请找出来分析具体原因，并进行改正。

（2）单击文本框右侧的" 🔘 "按钮，即可开始修改病句。AI 的回答如下所示。

首先，"尽管我们很渺小，但应该必须让自己知道'我很重要'"中，"应该"和"必须"是近义词，都表示必要性，这里同时使用显得冗余。应该删除其中一个，以保持句子的简洁。

其次，"对朋友，我们是他们倾诉衷肠"这句话中，"倾诉衷肠"通常用作动词短语，表示向人诉说内心的想法和感受。这里缺少了与之搭配的动词，使得句子不完整。应该在"倾诉衷肠"后加上合适的动词，比如"的对象"或"的伙伴"。

此外，在逻辑和表达上，"对着我们这颗无数的美丽星球上的生灵"这句话有些不够通顺。"无数的"通常用来修饰可数名词，而"生灵"是一个较为抽象的概念，不太适合用"无数的"来修饰。同时，"对着"这个词在这里的使用也不太恰当，它给人一种对立的感觉，而这里应该是表达一种面向、宣告的意思。可以将"对着"改为"向"，并将"无数的"删除或替换为更合适的修饰词。

（3）此外，还可以对修改后的句子进行扩句，使内容更加丰富。AI扩句后的内容如下所示。

生命，这个无比神奇而又深奥的存在，它没有所谓的高低贵贱之分。无论我们身处何处，无论我们的身份地位如何，我们每一个生命都是独特且不可替代的。尽管在浩瀚的宇宙中，我们显得如此渺小，如同尘埃般微不足道，但我们仍然必须坚定地让自己知道——我很重要。对于我们的父母而言，我们是他们晚年生活的重要支撑。是他们辛勤付出、无私奉献的结晶，是他们心中永恒的牵挂与期望。我们的存在，是他们晚年生活的重要保障，是他们心中最温暖的依靠。对于我们的朋友而言，我们是他们倾诉衷肠的对象。在生活的旅途中，我们相互扶持、共同前行。当朋友遇到困难时，我们是他们倾诉心声、寻求安慰的港湾；当朋友分享喜悦时，我们是他们分享快乐、共度时光的伙伴。因此，我们任何时候都不应该看轻自己。我们每个人都有自己的价值，都有自己的存在意义。我们要敢于说出"我很重要"，让这种自信与坚定成为我们前行的动力。只有这样，我们才能在人生的道路上勇往直前，不断翻开新的一页。让我们昂起头，挺起胸膛，向这颗美丽星球上的所有生灵，响亮地宣布——我很重要！我们是这个世界不可或缺的一部分，我们的存在让这个世界变得更加精彩、更加美好。让我们珍视自己的生命，勇敢地追求自己的梦想，为自己、为家人、为朋友、为这个世界，创造更加辉煌的未来！

用AI进行错别字检查和纠正

写完文章后，我们常常需要花费时间仔细检查其中是否存在错别字。这种烦琐的过程无疑会消耗很多精力和时间。实际上借助AI技术，就能高效地识别并修正文章中的错别字。

接下来，笔者将通过Kimi AI工具纠正文章中的错别字，具体操作步骤如下。

（1）打开 https://kimi.moonshot.cn/ 网址，进入 Kimi 默认页面，如右图所示。

文件，拖进来；网址，发出来

（2）单击文本框右侧的" ⬆ "按钮，上传一篇写好的文章文档，并在文本框内输入相关指令，笔者输入的指令为"请帮我找出文档中的错别字，并进行改正"，如右图所示。

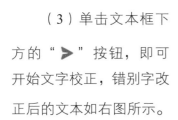

请帮我找出文档中的错别字，并进行改正。

山与水之韵
DOCX, 12.32 KB

（3）单击文本框下方的" ➤ "按钮，即可开始文字校正，错别字改正后的文本如右图所示。

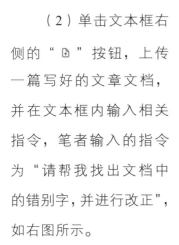

在您提供的文档《山与水之韵》中，我注意到了以下几处可能的错别字，并进行了改正：

1. 原文中的"峰峦起伏，层叠翠绿，仿佛是大地母亲精心编织的翡翠屏嶂。"中，"屏嶂"应改为"屏障"。
   改正："峰峦起伏，层叠翠绿，仿佛是大地母亲精心编织的翡翠屏障。"
2. 原文中的"那峻峭的崖壁，如刀削斧砍，直插云宵，展现出山之刚毅与坚毅。"中，"云宵"应改为"云霄"。
   改正："那峻峭的崖壁，如刀削斧砍，直插云霄，展现出山之刚毅与坚毅。"
3. 原文中的"江河湖海，无论大小，皆有其独特的韵味。大江东去，浪淘尽千古风流人物，那是历史的厚重与磅礴；小桥流水人家，烟波浩渺中透着诗意与宁静，那是生活的细腻与温婉。"中，"烟波浩渺"中的"浩渺"应为"浩渺"而非"浩渺"，这可能是一个重复错误。
   改正："江河湖海，无论大小，皆有其独特的韵味。大江东去，浪淘尽千古风流人物，那是历史的厚重与磅礴；小桥流水人家，烟波浩渺中透着诗意与宁静，那是生活的细腻与温婉。"
4. 原文中的"山涧溪流，自山顶跌宕而下，如白练暴挂，赋予山以生机与活力。"中，"白练暴挂"中的"白练"可能是指"白练如带"，但这里根据上下文，使用"白练"也符合表达。
   改正：（此处根据上下文，不作改正，因为"白练"在此处使用也是恰当的。）
5. 原文中的"山与水，看似独立，实则相依。山因水而灵秀，水因山而雄浑。"中，"雄浑"一词使用正确，但根据语境，也可以使用"雄伟"作为替换，不过这并非错别字，只是提供一个可能的替换词。
   改正：（此处不作改正，因为"雄浑"使用正确。）
6. 原文中的"我们应以谦卑之心，尊崇自然，珍爱山水，让后代子孙仍能领略这份源自大地的馈赠。"中，"尊崇"一词使用正确，但"馈赠"可能被误写为"馈赠"。
   改正："我们应以谦卑之心，尊崇自然，珍爱山水，让后代子孙仍能领略这份源自大地的馈礼。"

请注意，上述改正仅基于文档内容的直接阅读，实际的错别字改正可能还需要结合更多的语境信息和作者的意图。

复制　　再试一次　　分享

（4）如果想要获得修改完之后的完整文章，可进一步给出指令，笔者给出的指令为"请将改正后的文章给我"，AI便会将完整的文章呈现出来，如右图所示。

> 请将改正后的文章给我

当然，以下是经过改正的《山与水之韵》文章：

《山与水之韵》

人生如一卷长卷，山与水，恰似其上最灵动的两笔。它们以其独特的形态、韵律，勾勒出大自然的无尽风华，赋予我们生活的深度与广度。

遥望远山，峰峦起伏，层叠翠绿，仿佛是大地母亲精心编织的翡翠屏障。那峻峭的崖壁，如刀削斧砍，直插云霄，展现出山之刚毅与遒劲。而那蜿蜒曲折的山谷，则如同大地的脉络，静静地诉说着岁月的沧海桑田。漫步山径，耳畔是鸟鸣虫吟，鼻息间是松脂花香，让人心旷神怡，陶醉于这山之静谧与幽深。

再观流水，潺潺淙淙，犹如天籁之音，洗涤尘世喧嚣。它们或奔腾澎湃，激荡起千堆雪，展示出水之力量与壮阔；或缓流轻漾，映照蓝天白云，显现出水之柔情与恬静。江河湖海，无论大小，皆有其独特的韵味。大江东去，浪淘尽千古风流人物，那是历史的厚重与磅礴；小桥流水人家，烟波浩渺中透着诗意与宁静，那是生活的细腻与温婉。水，以其无常的姿态，诠释着生命的变幻无穷。

山与水，看似独立，实则相依。山因水而灵秀，水因山而雄伟。山涧溪流，自山顶飞泻而下，如白练悬挂，赋予山以生机与活力。而水在山的怀抱中，或汇聚成潭，或流淌成瀑，更显其灵动与妩媚。山与水的交融，恰如阴阳相生，刚柔并济，构成一幅和谐共生的自然画卷。

然而，人类在欣赏山水之美时，亦应铭记对环境的尊重与保护。过度开发、污染行为，会使山失其翠，水失其清，破坏这天地间最美的诗篇。我们应以谦卑之心，尊崇自然，珍爱山水，让后代子孙仍能领略这份源自大地的馈礼。

总的来说，山与水，是大自然赋予我们的瑰宝。它们以其各自的魅力，共同构筑了大地的骨骼与血脉，孕育了万物生灵。在它们面前，我们感受到生命的伟大与渺小，体验到自然的和谐与冲突。让我们在欣赏山水之美的同时，用心去倾听它们的呼唤，用行动去守护这份永恒的诗与远方。

复制　再试一次　分享

（5）为了能清晰地认识到文章中的写作错误，还可以让AI汇总错漏表，笔者在文本框中输入了"请将文档中出现的错别字汇总成表格，表格内容包括错别字、修改建议、分析原因、写作建议等内容"，AI整理的表格如右图所示。

> 请将文档中出现的错别字汇总成表格，表格内容包括错别字、修改建议、分析原因、写作建议等内容。

以下是根据您提供的文档内容，汇总的错别字表格，包括错别字、修改建议、分析原因和写作建议：

错别字	修改建议	分析原因	写作建议
屏嶂	屏障	形近字误写	注意区分形近字，避免混淆
云霄	云霄	形近字误写	注意"霄"和"宵"的用法区别
浩渺	无需修改	重复错误	检查文档中是否有重复或不一致的用词
白练悬挂	无需修改	表达恰当	根据上下文选择合适的词汇
雄浑	雄伟	提供替换词	考虑使用同义词以丰富表达
馈赠	馈礼	形近字误写	熟悉并正确使用"馈赠"和"馈礼"

在写作时，应注意以下几点以避免错别字的出现：

1. **仔细校对**：完成写作后，仔细校对文本，特别是注意形近字和同音字的使用。
2. **使用工具**：可以使用拼写检查工具帮助识别和纠正错别字。
3. **增加词汇量**：通过阅读和学习，增加词汇量，以便更准确地选择和使用词汇。
4. **注意语境**：根据上下文选择合适的词汇，确保表达清晰、准确。
5. **同义词替换**：适当使用同义词替换，可以使文章表达更加丰富和生动，但要注意保持原意不变。

以上表格和建议旨在帮助提高写作质量，减少错别字的出现。

复制　再试一次　分享

用 AI 对诗歌进行分类整理

将诗歌按照类别进行系统化的积累与整理，能够极大地助力记忆过程，使得各类诗词的韵律、意境和主题更加鲜明且易于把握。AI 技术的运用，为这一过程带来了前所未有的高效解决方案。通过运用先进的自然语言处理和机器学习算法，AI 能够对海量的诗歌资源进行智能分类和精细化整理，从而提高学习效率。

接下来，笔者将通过文心一言 AI 工具来以表格的形式整理有关描写花朵的诗歌，具体操作步骤如下。

（1）打开 https://yiyan.baidu.com/ 网址，登录后进入文心一言默认对话页面，在下方的文本框内输入文字指令，笔者输入的文字指令为"请以表格的形式整理一些关于'花儿'的诗词，要求每一句都要细致生动，充分展现花的美丽、芬芳与生机勃勃的景象。请确保每首诗词都有明确的作者，并在整理时注意保持原诗词的全部信息和情感表达"，如下图所示。

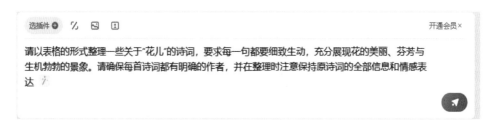

（2）单击文本框左上方的"选插件"按钮，选择"E 言易图"插件，如下图所示。

（3）单击文本框右侧的""按钮，即可生成有关描写花朵的诗词整理，AI 整理的表格部分内容如下图所示。

以下是一些关于"花儿"的诗词，以表格形式整理，力求展现花的美丽、芬芳与生机勃勃的景象：

诗词	作者	情感表达与景象描绘
"接叶有多种，开花无异色。含露或低垂，从风时偃抑。"	南北朝·萧察	诗句生动描绘百合花的形态，叶子繁多，花色一致，露珠晶莹，花朵随风摇曳，呈现出一种优雅而宁静的美。
"灼灼荷花瑞，亭亭出水中。"	隋杜公瞻	诗句中荷花犹如瑞兆，亭亭玉立，出水面，形象生动，描绘出荷花的清新脱俗和生机勃勃的景象。
"园花笑芳年，池草艳春色。犹不如槿花，婵娟玉阶侧。"	唐·李白	诗句通过对比园花、池草与槿花，突显出槿花的美丽与优雅，婵娟玉立，描绘出一种繁花似锦的春景。
"木末芙蓉花，山中发红萼。涧户寂无人，纷纷开且落。"	唐·王维	诗句描绘了芙蓉花在山中静静绽放的景象，虽无人欣赏，却自得其乐，纷纷开落，展现出一种自然之美。
"世人种桃李，皆在金张门。攀折争捷径，及此春风暄。"	唐·李白	诗句通过描绘桃李的繁华与人们的攀折，暗示了世俗的繁华与名利，而诗人对南山桂的赞美则表现出对高尚品格的追求。
"绿艳闲且静，红衣浅复深。花心愁欲断，春色岂知心。"	唐·王维	诗句中牡丹花绿艳红深，美丽动人，但花心的愁苦却无人知晓，表现出一种深沉而复杂的情感。
"蜀国曾闻子规鸟，宣城还见杜鹃花。一叫一回肠一断，三春三月忆三巴。"	唐·李白	诗句通过杜鹃花的描绘，勾起了诗人对故乡的思念之情，杜鹃的啼叫仿佛是对游子的呼唤，情感深沉而动人。
"去年今日此门中，人面桃花相映红。人面不知何处去，桃花依旧笑春风。"	唐·崔护	诗句以桃花为背景，描绘了一段动人的爱情故事，桃花依旧盛开，但人已不在，情感深沉而令人感慨。

用 AI 积累不同写作格式模板

在面对各类写作任务时，经常会遇到各种不同的文体和格式要求，尤其是当考试或作业中出现一些较为罕见、相对冷僻的写作题型时，往往会让人陷入写作困境。

AI 能帮助人们梳理各类文体的特点，比如论文的严谨结构、散文的自由抒发、报告的条理清晰及书信的礼仪规范等，通过 AI 学习积累各种写作格式，在面临任何写作任务时，都能做到心中有数，游刃有余。

接下来，笔者将通过文心一言 AI 工具来整理关于新闻稿的写作模板，具体操作步骤如下。

（1）打开 https://yiyan.baidu.com/ 网址，登录后进入文心一言默认对话页面，在下方的文本框内输入文字指令，笔者输入的文字指令为"请提供一份新闻稿写作的模板框架，并在每个部分给出一个具体的示例内容。请确保模板具有可调性和适应性，能够适用于不同的新闻稿写作场景"，如下图所示。

选插件 ➕   ⁒   ▨   ▯   开通会员 ✕

请提供一份新闻稿写作的模板框架，并在每个部分给出一个具体的示例内容。请确保模板具有可调
性和适应性，能够适用于不同的新闻稿写作场景

（2）单击文本框右侧的""按钮，即可开始生成新闻稿写作格式模板，相关模板如下所示。

新闻稿写作模板框架：

一、标题

概括新闻主题，吸引读者眼球

示例：创新科技助力环保，某公司推出全新绿色能源产品

二、导语

简要介绍新闻事件，引发读者兴趣

示例：近日，某公司成功研发出一款绿色能源产品，该产品以其高效、环保的特性受到广泛关注，有望为环保事业带来新的突破。

三、新闻背景

介绍新闻事件发生的背景信息，帮助读者理解新闻的重要性

示例：随着全球环境问题日益严重，各国纷纷寻求绿色能源解决方案。某公司在此背景下，加大研发力度，成功推出这款绿色能源产品，旨在为全球环保事业贡献力量。

四、新闻事件主体内容

详细描述新闻事件的来龙去脉，包括时间、地点、人物、事件经过等

用 AI 出题巩固已学课本知识

学习任何课本知识，有针对性的刻意练习都至关重要。但目前的教育模式尚不能很好地达到刻意练习的目的，因为学生数量通常较多，老师无法兼顾不同学生的进度及学习能力，通常都是按平均水平布置练习性作业，这就导致学习基础较差的同学感觉吃力，而学习基础较好的同学又"学有余力"。

在这种情况下，同学们根据自己的学习进度和基础来使用 AI 出题，不失为一个更好的选择。因为，AI 可以"因材施教"，根据同学们自己提出的知识点、难度及数量来出题。

接下来，笔者将通过通义千问 AI 来出题巩固已学的课本知识，具体操作步骤如下。

（1）打开 https://qianwen.aliyun.com/ 网址，进入通义千问默认对话页面，在下方的文本框内输入文字指令，笔者输入的文字指令为"请针对人教版八年级下册课文《桃花源记》进行出题，要求不给出答案"，如下图所示。

（2）单击文本框右侧的"　"按钮，即可开始针对《桃花源记》进行出题，生成的题目如图所示。

一、选择题

1. 《桃花源记》的作者是（　）。A. 杜甫 B. 白居易 C. 陶渊明 D. 苏轼

2. 文章中的"遂迷，不复得路"表明渔人（　）。A. 再也无法找到回桃花源的路 B. 不想再回到现实社会 C. 记忆力减退忘记路径 D. 被桃花源人故意引导迷失方向

3. 《桃花源记》中的故事发生在（　）时期。A. 战国 B. 秦朝 C. 东晋 D. 文中未明确指出具体朝代，但提到"不知有汉，无论魏晋"

二、填空题

1. "忽逢桃花林，夹岸数百步，中无杂树，，。"（原文填空）

2. 桃花源中的人请求渔人不要把他们的住处告诉外面的人，是因为他们害怕"＿＿＿＿"。

三、判断题

1. 《桃花源记》中的"世外桃源"形象地表达了作者对理想社会的憧憬。（　）

2. 桃花源中的人们生活在与世隔绝的环境中，对外界的历史变迁一无所知。（　）

四、简答题 请简述渔人如何偶然发现桃花源，并概括桃花源内部的景象。

五、分析题 分析《桃花源记》中描绘的理想社会的主要特征，并联系实际谈谈你对这一理想社会的理解及其现实意义。

（3）如果做完题之后想要获取上述题目的答案，在原本对话界面的文本框中输入如"现在可以给出以上问题的答案了"指令即可。

（4）AI 生成的题目答案如下图所示。

现在可以给出以上问题的答案了

当然可以，以下是针对之前所提问题的答案：　　　　　　　　　　　　　　　　　　　　收起 ∧

一、选择题

1. C. 陶渊明
2. A. 再也无法找到回桃花源的路
3. D. 文中未明确指出具体朝代，但提到"不知有汉，无论魏晋"

二、填空题

1. "忽逢桃花林，夹岸数百步，中无杂树，芳草鲜美，落英缤纷。"
2. 桃花源中的人请求渔人不要把他们的住处告诉外面的人，是因为他们害怕"外人来此，扰乱了他们宁静的生活"。

三、判断题

1. √
2. √

四、简答题 渔人在捕鱼时迷失了方向，沿着一片桃花林深入，发现有一个山洞，他走进山洞后，穿过一条狭长通道，眼前突然变得开阔，发现了一个美丽富饶、与世隔绝的地方——桃花源。桃花源内部景象表现为：土地平坦宽广，屋舍整齐，有良田美池桑竹之属；人民生活安逸，男耕女织，小孩老人怡然自乐，社会秩序井然，民风淳朴，与外界的战乱和苦难形成鲜明对比。

五、分析题 《桃花源记》中描绘的理想社会主要特征包括：

1. 自然环境优美宜人，物产丰富；
2. 社会秩序和谐稳定，人人安居乐业，无剥削压迫；
3. 人际关系淳朴真挚，无争斗冲突；
4. 时间观念淡薄，不受外界战乱和政治变迁的影响。

联系实际，这一理想社会反映了人们对和平、宁静、公正、自由生活的向往，是对现实社会矛盾和问题的批判和超越，具有一定的乌托邦色彩。在现代社会，虽然无法复制这样的理想社会，但我们应从中汲取智慧，努力构建和谐、包容、可持续发展的社会环境。

（5）除了可以出题巩固，还可以让 AI 根据文章总结易出现的题型，相关指令和回答如下图所示。

请帮我总结整理这篇课文的重点题型。

课文《桃花源记》的重点题型总结如下：

选择题

- **考查点**：作者身份、文章细节理解、文中隐含信息的推断。
- **示例**：识别作者（陶渊明）、探索路径变化的后果、文中未明确说明的信息（时代背景）。

填空题

- **考查点**：原文记忆、关键场景描述。
- **示例**：直接引用文中描述桃花林美景的句子、概述桃花源中人请求渔人保密的原因。

判断题

- **考查点**：对文章基本信息和情节走向的准确把握。
- **示例**：检验学生是否理解渔人进入桃花源的过程及桃花源人的态度。

简答题

- **考查点**：概括能力、情节复述、关键信息提取。
- **示例**：要求简述渔人发现桃花源的经过以及桃花源内的景象，检测学生对文章整体框架和细节的掌握程度。

分析题

- **考查点**：深入理解、主题思想分析、现实意义探讨。
- **示例**：分析桃花源社会的理想特征，并讨论其与现实社会的关系，促进学生思考作品的深层含义及其对现代社会的启示。

用 AI 积累写作素材

要提高作文的写作水准，一个很重要的方法就是大量积累素材。只有这样，在实际写作时才能思如泉涌，下笔有神。一般来说，要积累这样的写作素材，可以通过阅读各类书籍、报纸杂志，以及观察日常生活中的点滴细节，但现在还有一种更快捷的方法，就是利用人工智能技术。

AI 不但能快速搜索到广泛而精准的信息资源，包括但不限于历史事件、名人名言、科学发现、文化故事等，还能够根据创作者的特定需求智能推荐相关素材，甚至帮助归纳整理，形成个性化素材库。这样不仅极大地拓宽了素材获取的广度和深度，还提高了效率，让写作者有更多时间专注于思考与创作，进一步提升写作质量。

接下来，笔者将通过 DeepSeek 工具积累写作素材，具体操作步骤如下。

（1）打开 https://chat.deepseek.com/ 网址，进入 DeepSeek 默认对话页面，在文本框内输入文字指令，笔者输入的文字指令为"请提供一些涉及'诚信'的写作句子，请确保这些句子是通用的，不局限于特定场景或故事，同时保持积极向上且无害的语调"，如下图所示。

我是 DeepSeek，很高兴见到你！

我可以帮你写代码、读文件、写作各种创意内容，请把你的任务交给我吧~

请提供一些关于"诚信"的写作句子，要求适合青少年使用，请确保这些句子是通用的，不局限于特定场景或故事，同时保持积极向上且无害的语调。

深度思考 (R1)　联网搜索

（2）单击文本框右下方的" "按钮，即可生成关于诚信的写作素材句，如下所示。

1.诚信就像一面镜子，一旦破碎，即使重新拼合，也无法恢复原有的完整。

2.诚信是人生的基石，只有建立在诚信之上的成功，才能经得起时间的考验。

3.诚信是一种无形的财富，它能让你的心灵更加纯净，也能让你的人生更加精彩。

4.诚信是人与人之间最坚固的桥梁，只有真诚相待，才能走得更远。

5.诚信是一种美德，它不需要华丽的辞藻来修饰，只需要用实际行动来证明。

6.诚信是人生的通行证，无论走到哪里，它都能为你打开成功的大门。

7.诚信是一种责任，它要求我们对自己负责，也对他人负责。

8.诚信是心灵的阳光，它能照亮我们前行的道路，也能温暖他人的心田。

9.诚信是一种力量，它能让我们在困境中坚持，也能让我们在成功时谦逊。

10.诚信是人生的指南针，它能帮助我们在复杂的世界中找到正确的方向。

（3）如果对生成的句子不满意，可以加入指令进行修改。笔者想要对生成的句子进行扩写，加入的指令为"请对以上句子进行扩写"，得到的部分内容如下所示。

1.诚信就像一面镜子，一旦破碎，即使重新拼合，也无法恢复原有的完整。它映照出我们的品格，一旦失去，便难以重建那份纯净与信任。

2.诚信是人生的基石，只有建立在诚信之上的成功，才能经得起时间的考验。它如同坚固的地基，支撑着我们追求梦想的高楼大厦。

3.诚信是一种无形的财富，它能让你的心灵更加纯净，也能让你的人生更加精彩。它比金银更珍贵，因为它能赢得他人的尊重与信赖。

4.诚信是人与人之间最坚固的桥梁，只有真诚相待，才能走得更远。它跨越误解与猜疑，连接心灵与心灵，让友谊与合作更加牢固。

5.诚信是一种美德，它不需要华丽的辞藻来修饰，只需要用实际行动来证明。它是无声的语言，通过我们的行为传递出最真实的信息。

如果希望生成其他主题的写作素材句，只需在文本框内修改相关指令即可。例如，可以将指令中的"诚信"替换为"勇气""坚持""友谊"或其他任何感兴趣的主题。DeepSeek 将根据新指令，生成相应的积极向上的句子。

利用 AI 学习英语

用 AI 纠正语法

当写完一篇英语作文后，往往难以自我检测出其中的问题，此时，AI 可以充当英语老师的角色，通过快速扫描文本，找出其中的语法问题，给出针对性修改建议，并针对这些错误给出学习指导。

接下来，笔者将通过通义千问 AI 来纠正语法，具体操作步骤如下。

（1）打开 https://qianwen.aliyun.com/ 网址，进入通义千问默认对话页面，在下方的文本框内输入文字指令，输入指令时先输入想要修改的句子，然后加上相关指令操作。笔者输入的文字指令如下所示。

"Yesterday I go to the park. There was many childs playing games and have fun. The sun shine brightly but the weather was very nice. Me and my friend, we played frisbee and eat some snacks. Then, we saws a beautiful bird on the big tree, it's sing a pretty song. We took picture of it and decided that it was a lovely day indeed!" 以上英语句子中，存在语法错误，请找出以上句子中的错误后修改并分析原因。

（2）单击文本框右侧的"⊿"按钮，即可开始分析错误句子，最终修改的结果部分内容如下图所示。

以下是修正后的句子:

"Yesterday, I went to the park. There were many children playing games and having fun. The sun shone brightly, but the weather was very pleasant. My friend and I played frisbee and ate some snacks. Then, we saw a beautiful bird on a big tree, singing a pretty song. We took a picture of it and decided that it indeed was a lovely day!"

错误及分析:

1. "I go to the park." 应改为 "I went to the park." 过去式的使用错误,讲述昨天发生的事情应用went。

2. "There was many childs..." 应改为 "There were many children..." 主谓一致错误,were用于复数主语,且"孩子"的复数形式是children。

3. "playing games and have fun." 应改为 "playing games and having fun." 并列结构中动词应保持一致形式,都用动名词形式having。

4. "The sun shine brightly" 应改为 "The sun shone brightly." 同样是过去式的使用错误,shine的过去式是shone。

5. "but the weather was very nice." 改为 "but the weather was very pleasant." 虽然nice也是正确的,但pleasant在描述天气时更贴切,意味着既不过分热也不过分冷,很宜人。

6. "Me and my friend," 应改为 "My friend and I," 在正式或书面英语中,通常将"I"放在其他人称之前。

7. "we played frisbee and eat some snacks." 应改为 "we played frisbee and ate some snacks." 同样的过去式错误,eat应改为ate。

8. "we saws a beautiful bird" 应改为 "we saw a beautiful bird." saw是see的过去式,直接使用,不需要加s。

9. "on the big tree, it's sing a pretty song." 应改为 "on a big tree, singing a pretty song." 这里去掉了不必要的"it's",因为后面的动作是伴随状语,用singing表示鸟儿正在唱歌的状态更合适。

10. "We took picture of it" 应改为 "We took a picture of it." "照相"是单数概念,需加冠词a。

11. "and decided that it was a lovely day indeed!" 语序稍作调整为 "and decided that it indeed was a lovely day!" 虽然原句语法上不错误,但调整后更符合英语表达习惯,加强了语气。

（3）在文本框内进一步输入指令,让 AI 以表格的形式总结错误类型,并给出相关建议。笔者在文本框输入的内容为"将以上存在的错误汇总成表格,表格内容包括错误之处、修改建议、原因和总结",指令和 AI 的回答如右图所示。

将以上存在的错误汇总成表格,表格内容包括错误之处、修改建议、原因和总结。

错误之处	修改建议	原因	总结
I go to the park.	I went to the park.	使用了现在时态而非过去时态。	动词时态需根据叙述的时间（昨天）调整为过去时。
there was many childs...	there were many children...	主谓不一致,复数名词误用。	复数名词应使用"children",且be动词与复数名词保持一致,使用"were"。
have fun	having fun	并列结构中动词形式不一致。	在进行时态中,两个动作应都使用动名词形式。
sun shine brightly	sun shone brightly	动词未正确变位为过去式。	过去式的正确使用对于表达过去发生的事件至关重要。
weather was very nice	weather was very pleasant	词汇选择可更加精确以增强表达效果。	"Pleasant"比"nice"更能准确描述宜人的天气。
Me and my friend,	My friend and I,	人称代词作为句子主语时的不恰当使用。	在正式语境中,先使用"我"以外的人称代词表示礼貌。
eat some snacks	ate some snacks	动词未正确变位为过去式。	保持整个叙述时态的一致性,此处应用过去式"ate"。
we saws a bird	we saw a bird	不必要的第三人称单数错误添加。	"Saw"已经是"see"的过去式,无需再加-s。
it's sing a song	singing a song	误缩写形式,且动词形式不当。	此处应为现在分词作伴随状语,表示正在进行的动作。
took picture of it	took a picture of it	缺少冠词导致名词使用不完整。	特指一张照片时,需使用冠词"a"。
and decided that it was a lovely day indeed!	and decided that it indeed was a lovely day!	语序调整以增强表达的流畅度。	尽管原句语法无误,调整后更符合英语表达的习惯,强调了"的确"。

总结: 上述修正主要集中在时态一致性、主谓一致、动词形式、词汇选择、代词使用以及语序调整上,这些修正使得整个叙述更加符合标准英语的语法规范和表达习惯。

用 AI 进行互动式英语学习

尽管大家在学习英语的过程中有着强烈的口语实践需求，但是往往会遭遇一个共性难题：缺乏合适的英语口语练习伙伴。AI 的出现为缺乏英语口语练习伙伴的学习者开辟了一条全新的道路。通过模拟真实对话、提供个性化教学及打破时空限制等，成功解决了"无学习伙伴"的困境，让每一位渴望提升英语口语能力的学习者都能在便捷、高效、个性化的环境中持续精进，畅享说英语的乐趣与成就感。

接下来，笔者将通过 Hi Echo App 来互动式学习英语，具体操作步骤如下。

（1）在手机应用商城中下载 Hi Echo App，注册并登录后，填写"选择对话阶段"和"选择对话等级和目标"，以便 AI 根据个人当前的学习阶段和英语水平，进行更好的交流。笔者设置了"大学"及"中级"，如下图所示。

注意：一定要根据自身的实际情况进行选择，以便更好地与 AI 进行对话。

（2）接下来，选择虚拟人口语教练。目前，此软件中有Echo、Daniel、Sherry共3个口语教练，可根据个人喜好进行选择。教练选择完成后单击Chat with Echo（与Echo聊天）按钮，即可开始对话。笔者选择了Echo教练进行对话，如右侧左图所示。

（3）长按下方的"按住说话"按钮，即可进行对话发言。笔者与AI口语教练的对话如右侧右图所示。

（4）单击右侧的电话图标，即可结束对话，对话结束后会生成对话报告，报告包括发音评分和语法评分，其中有AI润色、AI建议、AI发音纠错等方面的反馈。可以根据报告查缺补漏，以便更好地学习和进步。笔者的对话报告如右侧左图所示。

（5）除此之外，Hi Echo App内还有许多场景可供选择，也可以自定义场景，场景对话页面如上方右图所示。

用 AI 整理单词分类

英语词汇量庞大，容易造成记忆混淆，采取分类背诵单词的方式有助于提高记忆效果。借助人工智能技术，可以对单词进行科学分类整理，从而更有效地加深记忆和理解。

AI 可以通过分析单词的词义、词性、使用场景等多重维度，将其精准归类，如按照日常生活、商务交流、学术研究等领域划分，或者按照动词、名词、形容词等词性分类。

接下来，笔者将通过文心一言 AI 工具来分类整理英语单词，具体操作步骤如下。

（1）打开 https://yiyan.baidu.com/ 网址，登录后进入文心一言默认对话页面，在下方的文本框内输入文字指令，笔者输入的文字指令为"请根据初中英语教学大纲，将必学英语单词按照类别整理成表格，每类至少列出十个单词。表格应包含'类别'、'单词'、'音标'、'释义'和'例句及翻译'等五列"，如下图所示。

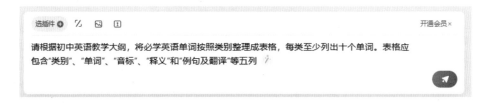

（2）单击文本框左上方的"选插件"按钮，选择"E 言易图"插件，如下图所示。

请根据初中英语教学大纲，将必学英语单词按照类别整理成表格，每类至少列出十个单词。表格应包含类别、单词、音标、释义和例句及翻译等五列

（3）单击文本框右侧的"🔹"按钮，即可开始生成分类单词，部分内容如右图所示。

请根据初中英语教学大纲，将必学英语单词按照类别整理成表格，每类至少列出十个单词。表格应包含类别、单词、音标、释义和例句及翻译等五列

以下是一个根据初中英语教学大纲整理的英语单词表格，包含了各类别下的十个单词，以及它们的音标、释义、例句和翻译。请注意，由于教学大纲可能因地区和学校而异，这里提供的单词列表仅供参考。

类别	单词	音标	释义	例句	翻译
名词	student	/ˈstjuːdnt/	学生	He is a good student.	他是一个好学生。
	teacher	/ˈtiːtʃər/	教师	My teacher is very kind.	我的老师很和蔼。
	book	/bʊk/	书	I like reading books.	我喜欢读书。
	pen	/pen/	钢笔	I need a pen to write.	我需要一支钢笔来写字。
	desk	/desk/	书桌	There is a computer on the desk.	书桌上有一台电脑。
	chair	/tʃeər/	椅子	Please sit on the chair.	请坐在椅子上。
	school	/skuːl/	学校	I go to school every day.	我每天都去上学。
	classroom	/ˈklɑːsruːm/	教室	The classroom is very clean.	教室很干净。

（4）如果想要生成关于单词的其他内容，在文本框内修改相关指令即可。此外，还可以让 AI 出题巩固这些单词，部分出题内容如右图所示。

根据以上英语单词，出一些题目。

以下是根据上述英语单词表格出的一些题目，包括选择题、填空题和翻译题。

选择题

1. She _____ every day to stay healthy.
   A. runs B. jump C. plays D. eats
2. Which of the following is a noun?
   A. tall B. read C. book D. sad
3. The _____ is very clean. We can study well in it.
   A. student B. teacher C. classroom D. swim
4. He _____ very high. He wants to be a basketball player.
   A. jumps B. reads C. sleeps D. sings
5. The girl is _____ because she lost her favorite toy.
   A. happy B. sad C. beautiful D. tall

填空题

1. He _____ (write) a letter to his friend every week.
2. They _____ (play) football in the playground after school.
3. My _____ (teacher) is very kind and helps me a lot.
4. The _____ (eraser) is in my pencil box.
5. She is a very _____ (beautiful) girl.

用 AI 分析英语句子成分

语法问题是许多人在学习英语过程中经常感到困扰的一部分，尤其是在分析句子成分时常常会陷入困境。然而，借助 AI 技术，学习英语句子成分的知识点将变得更加高效且便捷，可以提升语言运用能力，使得原本复杂的句子成分分析变得更加轻松易懂。

接下来，笔者将通过通义千问 AI 工具来分析句子成分，具体操作步骤如下。

（1）打开 https://qianwen.aliyun.com/ 网址，进入通义千问默认对话页面，在下方的文本框内输入文字指令，笔者输入的文字指令如下所示。

It is difficult to measure the quantity of paper used as a result of use of Internet-connected computers, although just about anyone who works in an office can tell you that when e-mail is introduced, the printers start working overtime. That is, the growing demand for paper in recent years is largely due to the increased use of the Internet.

请用中文分析以上英语句子的成分。

（2）单击文本框右侧的 "✈" 按钮，即可生成关于英语句子的分析，AI 分析得非常全面，首先给出了英文句子的翻译，其次进行了句子成分的分析，最后对结构进行了梳理，如下所示。

尽管由于使用互联网计算机难以量化纸张用量，但几乎任何在办公室工作的人可以告诉你，一旦引入电子邮件，打印机就会开始超时工作。也就是说，近年来纸张需求的增长很大程度上是由于互联网使用的增加。

【成分分析】

主句：主语：It (形式主语)；谓语：is difficult to measure；宾语：the quantity of paper used；定语：as a result of use of Internet-connected computers

让步状语从句：

连词：although；主语：just about anyone；定语：who works in an office；谓语：can tell you；直接宾语：that；

宾语从句：

主语：the printers；谓语：start working；状语：overtime

时间状语从句：

连词：when；主语：e-mail；谓语：is introduced

表语从句：

连词：That is；主语：the growing demand for paper；状语：in recent years；谓语：is largely due to；宾语：the increased use of the Internet

【结构梳理】

整个句子由一个主句和两个从句构成：

主句阐述核心观点：由于使用互联网计算机，纸张用量的量化变得困难。

让步状语从句以"尽管"开头，提供一个普遍现象作为背景信息：在办公室工作的人员会观察到，当电子邮件被引入时，打印机的工作量显著增加。

表语从句以"That is"引导，进一步解释主句中的难点，并给出结论：近年来纸张需求增长的主要原因是互联网使用量的提升。

用 AI 整理英语作文模板

在某些情况下，考试题目中可能会出现一些不常见的英文作文形式，这会让人们感到困惑和措手不及。为了应对这种情况，在日常学习中，可以借助 AI 技术来快速生成各种不同格式的英文写作模板，以便熟悉并练习这些不常遇到的文体结构，从而提升自身的应变能力与写作技能。

接下来，笔者将通过智谱清言 AI 工具来整理不同格式的英语作文模板，具体操作步骤如下。

（1）打开 https://chatglm.cn/ 网址，登录后进入智谱清言默认对话页面，在下方的文本框内输入相关文字指令，笔者输入的指令为"请提供一份关于'写信的英语作文模板'"，如下图所示。

请提供一份关于"写信的英语作文模板"。

 优化

（2）单击文本框右侧的""按钮，即可生成相关作文模板，生成的部分内容如右图所示。

以下是一份关于写信的英语作文模板，可用于参考：

[Your Name] [Your Address] [City, State, Zip Code] [Email Address] [Phone Number] [Date]

[Recipient's Name] [Recipient's Address] [City, State, Zip Code]

Dear [Recipient's Name],

I am writing to [state the purpose of your letter]. I hope this letter finds you well.

[Provide some background information or context for your letter].

I would like to [state what you want or need to say]. [Explain your thoughts or feelings on the subject].

I understand that [mention any concerns or obstacles that might prevent the recipient from fulfilling your request]. However, I believe that [mention any reasons why your request should be granted].

I would appreciate it if [state what you want the recipient to do]. [Provide any necessary details or instructions].

Thank you for taking the time to read my letter. I look forward to [mention any desired outcome or next steps].

Sincerely,

[Your Name]

[Optional: Attach any relevant documents or materials]

（3）如果想生成其他类型的英文写作模板，直接在文本框内修改指令即可。此外，还可以让 AI 总结英语作文写作技巧，部分内容如右图所示。

请帮我总结各类英语作文写作技巧。

英语作文写作技巧可以分为几个关键方面，这些技巧可以帮助你提高作文的质量和表达效果：

1. **理解题目要求**：
   - 仔细阅读题目，确保完全理解题目的要求。
   - 确定作文的类型（如议论文、描述文、叙事文等）和主题。
2. **规划结构**：
   - 在开始写作之前，规划好作文的结构，包括引言、主体和结论。
   - 使用思维导图或提纲来组织你的想法。
3. **撰写引人注目的开头**：
   - 使用吸引读者注意的开头，如引人入胜的引言、有趣的事实、引用或悬念。
4. **清晰的表达**：
   - 使用简单、清晰的语言。
   - 避免过长的句子和复杂的词汇，除非必要。
5. **多样化和恰当的词汇**：
   - 使用多样化的词汇，避免重复。
   - 确保使用的词汇适合上下文和作文的主题。
6. **正确的语法和拼写**：
   - 检查语法错误，如时态、语态、主谓一致等。
   - 使用拼写检查工具，确保没有拼写错误。
7. **使用连接词和过渡短语**：
   - 使用连接词（如however, moreover, in addition等）来连接句子和段落，使文章流畅。
   - 使用过渡短语来引导读者从一个观点或段落过渡到另一个。

用 AI 积累英语试题答题技巧

在英语学习中，针对各种不同的题型，往往存在特定且高效的答题技巧。熟练掌握这些答题策略，不仅有助于提升解题速度，更能让人们在有限的时间内准确解答，从而取得更好的成绩。此时，可以运用 AI 技术来系统地整理和积累各类英语试题的答题技巧，提高学习效率。

接下来，笔者将通过通义千问 AI 来生成关于有关英语七选五题目的答题技巧，具体操作步骤如下。

（1）打开 https://qianwen.aliyun.com/ 网址，进入通义千问默认对话页面，在下方的文本框内输入文字指令，笔者输入的文字为"初中英语题型中七选五怎么做。"，如下图所示。

☐ 文本回答　☐ 图片理解　☐ 文档解析	₀⁺ 指令中心
初中英语题型中七选五怎么做。|	◁

（2）单击文本框右侧的"◁"按钮，即可生成关于英语七选五题型的答题技巧，如右图所示。

初中英语中的"七选五"题型是一种考查学生对文章整体结构、逻辑关系以及语篇连贯性理解能力的阅读理解题目。具体来说，这种题型会给出一篇短文，其中留有5个空白，同时提供7个备选句子（段落），要求学生根据上下文逻辑和意义的连贯性，从这7个选项中选出最合适的5个填入空白处，使文章完整且通顺。

以下是一些应对初中英语"七选五"题型的策略和步骤：

1. **快速浏览全文**：
   - 在正式开始答题前，快速阅读一遍全文（不包括给出的备选句子），了解文章的大致内容、主题、结构和逻辑走向，尤其注意空白处前后的内容，以便把握空白处所属句子的大致功能（如转折、举例、总结等）。

2. **分析备选句子**：
   - 阅读并理解每个备选句子的含义，留意其关键词、句式结构以及逻辑关系词（如转折词、因果词、并列词等），这些有助于判断句子在文中可能的位置和作用。

3. **匹配上下文线索**：
   - 根据空白处前后的句子，寻找明显的逻辑提示、词汇复现、指代关系、话题一致等线索。这些线索可以帮助确定哪个备选句子能自然衔接上下文，保持语义和逻辑的连贯。

4. **试填验证**：
   - 基于分析和线索，初步选定一个或几个备选句子填入相应的空白处，然后通读含有已填入句子的段落，检查是否语意连贯、逻辑顺畅。如果不合适，及时调整选项。

5. **检查全文一致性**：
   - 完成所有空白的填充后，再次快速阅读全文，确保文章的整体思路清晰，各部分之间过渡自然，没有逻辑跳跃或矛盾之处。同时，确认所选句子与文章主题紧密相关，没有偏离主旨。

6. **利用排除法**：
   - 如果在选择过程中遇到困难，可以尝试排除明显不符合上下文逻辑或与文章主题无关的选项，缩小选择范围。有时候，一些选项可能会在内容上有重复或者逻辑上有冲突，通过对比分析也可以排除掉不合适的选项。

7. **注意篇章结构**：
   - 考虑文章的段落划分和层次结构，有些位置可能需要引入新段落或展开论述，而有些位置则可能需要总结或过渡。理解篇章的起承转合有助于正确选择起连接、拓展、总结等作用的句子。

（3）可以继续在文本框内输入指令，让 AI 生成关于英语七选五的题型，学会技巧后通过具体的题目来巩固。笔者给出的进一步文字指令和得到的题目如下图所示。

     请出一道关于英语七选五的题目。

    ● 根据搜索到的内容总结如下

当然可以。以下是一道模拟的英语七选五题目，包含一段短文和七个选项。请根据短文内容和逻辑结构，从七个选项中选择最适合的五个句子填入文中空白处，以使全文意义连贯、结构完整。

短文：

The rapid pace of technological advancement in recent years has significantly transformed the way we live, work, and communicate. 1, it has also raised concerns about its impact on various aspects of society, particularly employment. While automation and artificial intelligence (AI) bring undeniable benefits in terms of efficiency and productivity, 2. Many fear that machines will replace human workers, leading to widespread job loss and economic inequality.

On the other hand, proponents of technological progress argue that 3. Instead of eliminating jobs, they claim that technology creates new opportunities by fostering innovation and driving the development of entirely novel industries. Moreover, 4, allowing individuals to acquire new skills and adapt to the changing job market.

_5, governments and businesses must take proactive steps to mitigate potential negative consequences and ensure a smoother transition for workers. This includes investing in education and retraining programs, promoting entrepreneurship, and implementing policies that encourage the equitable distribution of the benefits brought about by technological change.

选项：

A. Consequently, there is an ongoing debate about the future of work and the role of technology in shaping it. B. As the digital revolution continues to unfold, the nature of work is evolving rapidly. C. However, this transformative process is not without its challenges. D. They emphasize that technology acts as a catalyst for job transformation rather than job destruction. E. It is imperative that we acknowledge the potential risks associated with unchecked technological growth. F. To harness the full potential of technology and address these concerns, G. Technological advancements have the potential to augment human capabilities and expand the scope of what can be achieved.

用 AI 进行中英文翻译

在英语自主学习的过程中，面对海量的英语学习素材，包括各类教材、网络文章等，如果仍然采用传统的查阅生词并逐句翻译的方式，将会消耗大量时间。而 AI 翻译则可以作为一个强有力的辅助工具，在无须依赖他人或等待专业翻译的情况下，个体就能独立完成对各种材料的理解与吸收。并且，仅需要上传一张图片，就能完成图片内容的全部翻译。

接下来，笔者将通过 DeepSeek 工具进行英语课文翻译，具体操作步骤如下。

（1）打开 https://chat.deepseek.com/ 网址，进入 DeepSeek 默认对话页面，单击文本框右下方的"⬛"按钮，如下图所示。

（2）在弹出的窗口中选择需要解析的图片，笔者上传了一页教材中的英文课文图片，如右图所示。

（3）在文本框中输入相关指令，笔者想翻译图片中的内容，给出的文字指令为"请将图片中的英文翻译为中文，要求不要生硬的翻译，根据语境进行适当美化"，如下图所示。

（4）单击文本框右下方的"⬆"按钮，即可生成中文翻译，如下所示。

伦敦

因为父亲的工作，我一直在不同的城市之间搬迁。我们从香港开始，然后搬到北京，接着是新加坡，然后是旧金山。现在我们住在伦敦。我喜欢城市生活，因为它充满了文化、娱乐、教育和娱乐的机会。

在伦敦，我的家离博物馆、动物园、电影院和社区中心很近，所以我在空闲时间有很多事情可做。此外，由于我住在公共图书馆和书店附近，我总是有一本好书可以阅读。如果我感到无聊，我可以轻松找到一个稳定的网络连接。

住在乡村的人说城市生活因为噪音和交通而压力很大，但我喜欢置身于繁华之中。而且，你总能找到一些宁静，因为大多数城市都有美丽的地方。

怀特岛

城市人认为乡村生活一定很无聊，但事实并非如此。当我的家人在怀特岛（英格兰海岸附近的一个岛屿）度过一周时，我学到了这一点。我们进行了自然漫步，在美丽的海滩上野餐，并在星空下喝热巧克力。

到周末时，我爱上了乡村生活。当你周围都是动物时，你不需要去动物园。我喂了牛、山羊和鸡，甚至学会了骑马。你不需要去博物馆、电影院或社区中心，因为你可以探索森林、洞穴和海滩。我没有错过上网，因为我太忙于与大自然连接了！

怀特岛上的美丽自然漫步到周末时，我爱上了乡村生活。当你周围都是动物时，你不需要去动物园。我喂了牛、山羊和鸡，甚至学会了骑马。你不需要去博物馆、电影院或社区中心，因为你可以探索森林、洞穴和海滩。我没有错过上网，因为我太忙于与大自然连接了！

（5）如果想要把图片翻译为其他语言，在文本框内修改相关指令即可。笔者又将图片内容翻译成了德语，如下所示。

London

Wegen des Jobs meines Vaters bin ich schon in viele verschiedene Städte gezogen. Wir haben in Hongkong angefangen, dann sind wir nach Peking gezogen, dann nach Singapur und dann nach San Francisco. Jetzt wohnen wir in London. Ich liebe das Stadtleben, weil es voller Möglichkeiten für Kultur, Freizeit, Bildung und Unterhaltung ist.

In London ist mein Zuhause ganz in der Nähe von Museen, dem Zoo, Kinos und Gemeindezentren, deshalb habe ich in meiner Freizeit viel zu tun. Außerdem wohne ich nahe an öffentlichen Bibliotheken und Buchhandlungen, sodass ich immer ein gutes Buch zum Lesen habe. Und wenn mir mal langweilig ist, finde ich leicht eine stabile Internetverbindung.

Leute, die auf dem Land leben, sagen, dass das Stadtleben wegen des ganzen Lärms und Verkehrs stressig ist, aber ich mag es, mitten im Geschehen zu sein. Außerdem kann man immer ein bisschen Ruhe und Frieden finden, denn die meisten Städte haben schöne Orte.

Isle of Wight

Stadtmenschen denken, dass das Leben auf dem Land langweilig sein muss, aber das stimmt nicht. Das habe ich gelernt, als meine Familie eine Woche auf der Isle of Wight (eine Insel vor der Küste Englands) verbracht hat. Wir sind auf Naturwanderungen gegangen, haben an wunderschönen Stränden gepicknickt und heiße Schokolade unter den Sternen getrunken.

Am Ende der Woche liebte ich das Leben in einer ländlichen Gegend. Man muss keinen Zoo besuchen, wenn überall Tiere um einen herum sind. Ich habe Kühe, Ziegen und Hühner gefüttert und sogar Reiten gelernt. Man muss keine Museen, Kinos oder Gemeindezentren besuchen, denn man kann Wälder, Höhlen und Strände erkunden. Ich habe das Internet nicht vermisst, weil ich zu beschäftigt war, mich mit der Natur zu verbinden!

用 AI 进行口语测评

许多同学在读写方面表现出色，但在口语表述上却存在困难，这种失衡的学习方式会在未来的大学学习中留下隐患。使用 AI 口语工具进行口语练习，可以在实时互动练习中提高自己的表达能力。短期之内效果可能不太显著，但却可以潜移默化地提高自己的英语语感，增强自己的表达能力。无论是未来想要学习英语相关专业，还是提高自己的考试成绩，都有很大帮助。

（1）在手机应用商城下载"英语流利说"App，注册并登录进入其主界面，如下左图所示。

（2）根据自己的英文水平选择想要提升的位阶，并选择相应的学习计划内容，如下右图所示。

（3）最后，根据自己的情况选择适合自己的学习强度，AI 将根据目标要求制定学习计划，如下页左图所示。

（4）进入 App 的学习界面，既可以选择专业课程学习，也可以选择碎片化学习，如下页中图所示。

（5）单击"轻松学"选项中的"入门词汇"按钮，然后单击下方的"开始学习"按钮，如下页右图所示。

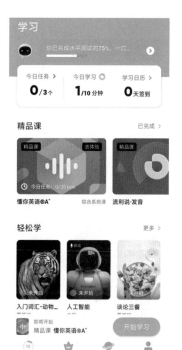

（6）AI将给出相应的口语评判标准，根据提示按住录音按钮念出相应的单词，如右侧左图所示。

（7）发音完成后，AI会用相应的色彩做出评价，单击右侧的"红色"按钮，即可发现读音中的问题所在，如右侧右图所示。

第 9 章
用 AI 学习数学、物理和化学

利用 AI 学习数学

用 AI 判断数学题正误

完成数学题目后，往往难以自我准确评估解题的正确率。此时，借助 AI 技术能有效且高效地评判所做题目的正误。通过 AI 工具进行智能批改，不仅能快速验证计算步骤和答案的准确性，还能针对每一步骤提供详细的解析，帮助人们了解错误所在及改正方法，从而更有效地学习。

（1）打开 https://kimi.moonshot.cn/ 网址，注册并登录后进入 Kimi.AI 的主页界面，单击"📤"按钮，将试卷照片进行上传，在文本框中输入"判断试卷答题对错"指令，如下图所示。

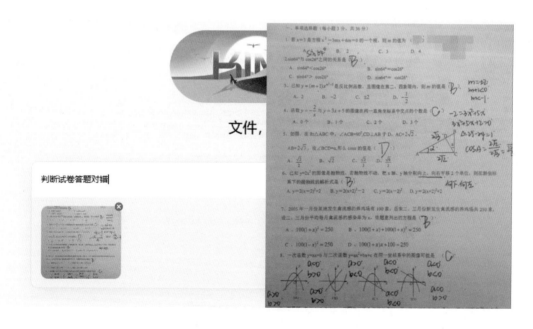

（2）单击"➤"按钮发送指令，Kimi.AI 将根据试卷内容做出题目解析，但因为在试卷上的演算部分遮挡住了部分试题，所以导致 Kimi.AI 在选项判断上出现瑕疵，但整体结果无误，结果如下图所示。

好的，让我们再次检查您提供的试卷图片中的选择题，并尝试判断每个问题的答案是否正确。由于图片内容可能存在不清晰或不完整，我会尽力根据提供的信息进行判断。

1. 方程 $x^2 + 3mx + 6m = 0$ 的一个根是 $x = 3$，将 $x = 3$ 代入方程得到 $9 + 9m + 6m = 0$，解得 $m = -1$。图片中没有提供 $m = -1$ 的选项，所以无法直接判断。

2. $\sin(64°)$ 与 $\cos(26°)$ 之间的关系是 $\sin(64°) = \cos(90° - 64°) = \cos(26°)$。因此，正确答案是 B。

3. 已知 $y = (m+1)x - s$ 是反比例函数，反比例函数的形式通常为 $y = \frac{k}{x}$，但是这里的表达式不是反比例函数的标准形式。由于图像在第二、四象限内，说明 $m + 1$ 必须小于0，即 $m < -1$。图片中的选项 B 是 $m = -2$，这符合条件，所以 B 是正确答案。

4. 这个问题关于函数 y 和价格 25 元之间的关系，但由于没有提供足够的信息或函数的具体形式，我们无法判断答案。

5. 在直角三角形 $\triangle ABC$ 中，如果 $\angle CAB = 90°$，且 $AC = 2\sqrt{2}$，$AB = 2\sqrt{3}$，那么 $\cos A = \frac{AC}{AB} = \frac{2\sqrt{2}}{2\sqrt{3}} = \frac{\sqrt{6}}{3}$。因此，正确答案是 C。

6. 抛物线 $y = y - 2x$ 的图像不动，x轴向上平移2个单位，y轴向右平移2个单位，新的抛物线解析式应该是 $y = 2(x - 2) - 2$。因此，正确答案是 B。

7. 设二、三月份平均每月禽流感的感染率为 x，那么一月份的养鸡场数加上二、三月份新增的养鸡场数应该等于250家，方程应该是 $100(1 + x) + 100(1 + x) = 250$。因此，正确答案是 B。

8. 一次函数 $y = ax + b$ 与二次函数 $y = ax^2 + bx + c$ 在同一坐标系中的图像可能是两条不同的曲线，因为它们的数学形式和性质不同。图片中的选项没有明确表示这两种函数图像的关系，所以无法判断。

（3）为了更好地回顾相关知识点，在文本框内输入"整理相关试题涉及知识点"指令，进行知识巩固，结果如下图所示。

根据您提供的试卷图片内容，这些选择题涉及的知识点包括：

1. **一元二次方程的解**：了解如何求解一元二次方程，特别是当给出方程的一个根时，如何解出方程中的未知系数。
2. **三角函数的互补关系**：理解正弦和余弦函数之间的互补关系，即 $\sin(\theta) = \cos(90° - \theta)$。
3. **反比例函数的性质**：掌握反比例函数 $y = \frac{k}{x}$ 的图像和性质，特别是其在坐标平面上的分布。
4. **函数的定义和应用**：理解函数的定义，以及如何根据给定条件确定函数的某些特征。
5. **直角三角形的三角函数**：掌握在直角三角形中，边长与三角函数（正弦、余弦、正切）之间的关系。
6. **几何变换与抛物线方程**：了解抛物线方程在进行平移变换后的新方程的确定方法。
7. **指数函数和增长率问题**：理解如何使用指数函数来描述增长率问题，并能够根据给定条件建立相应的方程。
8. **一次函数与二次函数的图像**：掌握一次函数和二次函数的图像特征，以及它们在坐标系中的表现形式。

这些知识点覆盖了代数、几何和三角学的基础概念，通常在中学数学课程中教授。

用 AI 解决函数与方程问题

函数与方程是数学试题中的重点考察内容，不仅出现在选择题、填空题中，更是解答题的常见考点，但是许多人在解决这些问题时，可能会遇到一些典型错误和挑战，借助 AI 可以更好地理解和掌握函数与方程的解题方法，规避常见错误，提升解题效率。

（1）打开 https://yiyan.baidu.com/ 网址，注册并登录后进入文心一言的主页界面，在文本框内输入"函数与方程相关的知识点"指令，查找相关知识点，结果如下图所示。

函数与方程是数学中的两个重要概念，它们之间有着密切的联系。以下是关于函数与方程的一些主要知识点：

函数

1. **定义**：函数是一种特殊的对应关系，它使每一个自变量（输入）唯一对应一个因变量（输出）。通常表示为 $f(x)$，其中 x 是自变量，$f(x)$ 是因变量。

2. **函数的性质**：

- **定义域**：函数 $f(x)$ 中 x 的取值范围。
- **值域**：函数 $f(x)$ 所有可能取到的 y 值的集合。
- **单调性**：函数在其定义域内，如果 $x_1 < x_2$ 时总有 $f(x_1) \le f(x_2)$（或 $f(x_1) \ge f(x_2)$），则称函数单调递增（或单调递减）。
- **奇偶性**：如果对于定义域内的所有 x，都有 $f(-x) = f(x)$，则称 $f(x)$ 为偶函数；如果 $f(-x) = -f(x)$，则称 $f(x)$ 为奇函数。
- **周期性**：如果存在一个正数 T，使得对于定义域内的所有 x，都有 $f(x+T) = f(x)$，则称 $f(x)$ 是周期函数，T 是它的周期。

3. **基本初等函数**：包括常数函数、幂函数、指数函数、对数函数、三角函数和反三角函数等。

方程

1. **定义**：含有未知数的等式称为方程。

2. **方程的解**：使方程成立的未知数的值称为方程的解。

（2）学习完相关知识点后，根据自己的薄弱点生成题目进行测试，在文本框内输入"一元二次方程类提示试题"指令，结果如下图所示。

文心大模型3.5

一元二次方程类提升试题通常涉及方程的求解、根的判别式、根与系数的关系等高级概念。以下是一些示例题目：

1. 已知关于 x 的一元二次方程 $x^2 - 2(m+1)x + m^2 = 0$ 有两个相等的实数根，求 m 的值。

答案：由于方程有两个相等的实数根，根据判别式 $\Delta = b^2 - 4ac$，我们有：

$$\Delta = [-2(m+1)]^2 - 4 \cdot 1 \cdot m^2 = 0$$

解得：$m = -\frac{1}{2}$。

2. 已知关于 x 的一元二次方程 $x^2 + 2(m-1)x + m^2 - 1 = 0$。

(1) 当 m 取何值时，方程有两个不相等的实数根？

(2) 若方程的两个实数根的积为2，求 m 的值。

答案：(1) 根据判别式 $\Delta > 0$，我们有：

$$\Delta = [2(m-1)]^2 - 4 \cdot 1 \cdot (m^2 - 1) > 0$$

解得：$m < 1$。

(2) 根据根与系数的关系，我们有：

$$x_1 \cdot x_2 = \frac{c}{a} = m^2 - 1 = 2$$

解得：$m = \pm\sqrt{3}$。

3. 已知关于 x 的一元二次方程 $x^2 - 4x + m - 1 = 0$ 的两个实数根为 x_1 和 x_2。

(1) 求 m 的取值范围。

（3）为了更好地补充相关知识，这时需要生成无解析版的试题进行测试，在文本框内输入"一元二次方程类无答案应用题"指令，生成测试用题，结果如下图所示。

题目1：

某工厂生产一种产品，每件产品的成本为50元，售价为80元。为了扩大销售，工厂决定降价销售。经过市场调研发现，该产品每降价1元，月销售量就增加10件。若工厂想要每月获得不低于3000元的利润，那么每件产品的售价应定为多少元？

题目2：

一个矩形的面积是36平方厘米，其一边长为 x 厘米。当这一边长增加2厘米时，矩形的面积增加了16平方厘米。求 x 的值。

题目3：

某商店购进一批单价为20元的日用品，如果按每件25元的价格销售，那么每天可销售30件。经调查发现，销售单价每提高1元，其销售量相应减少2件。将销售价定为多少元时，才能使每天所获销售利润最大？最大利润是多少？

题目4：

某公司为了扩大经营，决定购进6台机器用于生产某种零件。现有甲、乙两种机器可供选择，其中甲种机器每台7万元，乙种机器每台5万元。经过预算，本次购买机器所耗资金不能超过34万元。

(1) 按公司要求，有几种购买方案？

(2) 若甲种机器每台每天生产零件105个，乙种机器每台每天生产零件60个。为了使该公司每天的生产量不低于420个零件，应选择哪种购买方案？

题目5：

一个足球由黑、白两色皮子缝制而成，黑色皮子为正五边形，白色皮子为正六边形，并且黑色正五边形与白色正六边形的边长相等。缝制的方法是：每块黑色皮子的5条边分别与5块白色皮子的边缝在一起；每块白色皮子的6

（4）完成相关练习后，在文本框内输入"给出上述练习题目的解析"指令，进行错题解析，如下图所示。

给出上述练习题目的解析

以下是上述练习题目的解析：

题目1解析：

设每件产品的售价为 x 元，则降价了 $(80-x)$ 元。根据题意，每降价1元，月销售量将增加10件，所以降价 $(80-x)$ 元后，月销售量为 $10(80-x)$ 件。每件产品的利润为 $(x-50)$ 元。因此，月利润为 $(x-50)\times10(80-x)$。要使月利润不低于3000元，我们得到不等式：

$(x-50)\times10(80-x)\geq3000$

展开并整理得到一元二次不等式：

$x^2-130x+4300\leq0$

解这个不等式，得到 x 的取值范围，进而确定售价的范围。

题目2解析：

设矩形另一边长为 y 厘米，则根据面积公式，我们有 $xy=36$。当一边长增加2厘米时，新的边长为 $x+2$ 厘米，新的面积为 $(x+2)y$，并且这个面积比原面积多了16平方厘米，即 $(x+2)y=36+16$。我们得到方程组：

$$\begin{cases}xy=36\\(x+2)y=52\end{cases}$$

从第一个方程中解出 y，代入第二个方程，得到一个关于 x 的一元二次方程，解这个方程即可求得 x 的值。

题目3解析：

设销售价定为 x 元。根据题意，每提高1元售价，销售量将减少2件，所以销售量为 $30-2(x-25)$ 件。每件商品的利润为 $(x-20)$ 元。因此，总利润为 $(x-20)[30-2(x-25)]$。为了找到最大利润，我们需要将这个表达式转化为顶

用 AI 整理几何图形及定理

由于几何图形的种类繁多，每一种图形都有其独特的规律和定理，这在学习过程中对部分人来说，可能会造成一定程度的理解困扰和混淆。然而，通过巧妙地借助 AI 技术，能够有效地改善这一状况。

AI 能够以智能化的方式解析和展现各类几何图形的内在规律与定理，提供生动、直观的学习体验，有助于人们更好地理解和掌握不同几何图形的特点，从而减少混淆，提升学习效率。

（1）打开 https://tongyi.aliyun.com/ 网址，注册并登录后进入通义千问的主页界面。单击"图片理解"按钮，单击"凸"按钮，上传关于"几何图形"的知识点照片或文档，在文本框内输入"提炼整理其中关于几何图形的知识点"指令，如下图所示。

（2）单击"◁"按钮发送指令，通义千问将根据指令分析照片，并将相关知识点进行整理，结果如下图所示。

这张图片展示了圆周角定理及其推论。以下是提炼整理的关于几何图形的知识点：

1. 圆周角定理：同弧所对的圆周角等于它所对的圆心角的一半。
2. 圆周角定理的推论：
   ○ 推论 1：同弧或等弧所对的圆周角相等，同圆或等圆中，相等的圆周角所对的弧是等弧。
   ○ 推论 2：半圆或直径所对的圆周角是直角；圆周角是直角所对的弧是半圆，所对的弦是直径。
   ○ 推论 3：若三角形一边上的中线等于这边的一半，则这个三角形是直角三角形。

这些知识点都是关于圆和三角形的基本性质和定理，对于理解和解决相关几何问题非常有帮助。

（3）单击下方的"上传图片"按钮，继续上传照片，同样输入"提炼整理其中关于几何图形的知识点"指令，结果如下图所示。

提炼整理其中关于几何图形的知识点

这张图片包含了关于平面图形和立体图形的一些基本概念和公式。以下是提炼整理的关于几何图形的知识点：

1. 平面图形：
   - 圆：圆心是圆的中心，半径是连接圆心和圆上任意一点的线段，周长是圆的边缘长度，面积是圆内部的区域大小。
2. 立体图形：
   - 长方体：有6个面，相对的面面积相等；8个顶点，每个顶点连接三条棱；12条棱，相对的四条棱长度相等；表面积是所有面面积之和，体积是物体占据的空间大小。
   - 正方体：有6个面，每个面面积相等；8个顶点，每个顶点连接三条棱；12条棱，每条棱长度相等；表面积是所有面面积之和，体积是物体占据的空间大小。
   - 圆柱：有两个圆形底面和一个侧面，侧面积是底面周长乘以高，表面积是两个底面积加上侧面积，体积是底面积乘以高。
   - 圆锥：有一个圆形底面和一个侧面，侧面是一个扇形，体积是底面积乘以高再除以3。

这些知识点是几何学的基础，对于理解和解决相关几何问题非常有帮助。

（4）除了使用"图片理解"功能进行几何整理，也可以在"文档解析"选项下单击"上传文档"按钮，上传相关教案或教学课件获得相关知识点，选择"文档解析"选项，单击"⬆"按钮上传文档，在文本框内输入"提炼整理文档中的知识点"指令，如下图所示。

💬 文本回答　　　▤ 图片理解　　　▤ 文档解析	⦿ 指令中心

| W 24.3 正多边形和圆（第1... 835.10 KB | W 24.3 正多边形和圆（第2... 329.06 KB |

提炼整理文档中的知识点

⬆ 上传文档

（5）单击""按钮发送指令，AI 将根据指令对文档进行阅读分析，然后对相关知识点进行提炼整理，结果如下图所示。

用 AI 处理相等关系题

在学习数学的过程中，相等关系是基本且至关重要的概念，它构成了数学推理和问题解决的基础。对于一些人来说，如何建立相等关系是一大难点。现在，可以借助 AI 技术来攻克这一难题。AI 可以将抽象的相等关系概念具体化、形象化，帮助人们直观地理解相等关系的本质，并引导人们逐步掌握构建相等关系的方法。

（1）打开 https://yiyan.baidu.com/ 网址，注册并登录进入文心一言的主页界面，在文本框内输入"初中数学相等关系试题，如行程问题、追及问题、相遇问题"指令，结果如下图所示。

（2）单击"✈"按钮发送指令，文心一言将根据指令列举相关关系的有关问题及分析，结果如下图所示。

（3）在文本框内输入"相等问题学习难点有哪些？此类题目有何解题技巧"指令，进行追问，结果如下图所示。

用 AI 解决数学难题

在面对棘手的数学难题时，人们常常感到困惑不已。这时，借助 AI 技术不仅可以得到问题的答案，更关键的是它能够揭示解题的完整思路和步骤，使人们能深入理解问题所蕴含的数学原理和内在逻辑联系。这种方式有助于培养人们的逻辑思维能力、抽象思维能力和独立解决问题的能力，从而在面临相似数学问题时能够自主思考、触类旁通。

（1）打开 https://chat.deepseek.com/ 网址，进入 DeepSeek 默认对话页面，单击文本框右下方的"⬤"按钮，在弹出的窗口中选择需要解析的数学题图片，并在文本框内输入"这是一道初中数学计算题，请先分析该题目，并对该题目进行解答，要求步骤详细、容易理解"的指令，如下图所示。

🐋 我是 DeepSeek，很高兴见到你！

我可以帮你写代码、读文件、写作各种创意内容，请把你的任务交给我吧~

仅识别附件中的文字

> AI数学题步骤（1）配...
> JPG 140.88KB

这是一道初中数学计算题，请先分析该题目，并对该题目进行解答，要求步骤详细、容易理解

❌ 深度思考 (R1)   ⊕ 联网搜索   📎 ↑

76.某手机经销商计划同时购进一批甲、乙两种型号的手机，若购进 2 部甲型号手机和 1 部乙型号手机，共需要资金 2800 元；若购选 3 部甲型号手机和 2 部乙型号手机，共需要资金 4600 元。
（1）甲、乙型号手机每部进价为多少元？
（2）该店计划购进甲、乙两种型号的手机销售，预计用不多于 1.8 万元且不少于 1.74 万元的资金购进这两种手机共 20 台，请问有几种进货方案？请写出进货方案。
（3）售出一部甲种型号手机，利润率为 40%，乙种型号手机的售价为 1280 元，为了促销，公司决定每售出一台乙型号手机，返还顾客现金 m 元，而甲型号手机售价不变，要使(2) 中所有方案获利相同，求 m 的值。

（2）单击文本框右下方的"↑"按钮，即可生成关于上传数学题目的详细分析以及通俗易懂的解答过程，题目分析及部分解题过程如下所示。

我们有一个手机经销商计划购进甲、乙两种型号的手机。题目给出了以下信息：

1.购进2部甲型号手机和1部乙型号手机，共需要资金2800元。

2.购进3部甲型号手机和2部乙型号手机，共需要资金4600元。

我们需要解决以下问题：

1.甲、乙型号手机每部进价为多少元？

2.该店计划购进甲、乙两种型号的手机共20台，预计用不多于1.8万元且不少于1.74万元的资金，问有几种进货方案？请写出进货方案。

3.售出一部甲种型号手机，利润率为40%，乙种型号手机的售价为1280元，为了促销，公司决定每售出一台乙型号手机，返还顾客现金m元，而甲型号手机售价不变，要使(2)中所有方案获利相同，求m的值。

解答步骤

（1）甲、乙型号手机每部进价为多少元？

设甲型号手机的进价为 x 元，乙型号手机的进价为 y 元。

根据题意，我们可以列出以下方程组：$\begin{cases} 2x + y = 2800 \\ 3x + 2y = 4600 \end{cases}$

步骤1：解方程组

我们可以通过代入法或消元法来解这个方程组。这里我们使用消元法。

首先，将第一个方程乘以2：

4x+2y=5600

然后，用这个方程减去第二个方程：

(4x+2y)-(3x+2y)=5600-4600

x=1000

步骤2：求解 y

将 x=1000 代入第一个方程：

2(1000)+y=2800

2000+y=2800

y=800

结论：

甲型号手机每部进价为1000元，乙型号手机每部进价为800元。

（3）当解决完上传的难题以后，还可以通过输入相应的指令，总结此类题目的解题思路以及做题方法，如果想要加强练习，同样也可以输入相关指令，让 AI 出一些相似的题目进行巩固，如下所示。

解题思路及方法总结

1. 理解题意：仔细阅读题目，明确已知条件和要求解决的问题。

2. 设未知数：根据题目要求，设出未知数，通常用 x,y 等表示。

3. 建立方程或不等式：根据题目中的条件，列出方程或不等式。

4. 解方程或不等式：通过代数方法（如代入法、消元法）解方程或不等式。

5. 验证答案：将解代入原题，验证是否符合题意。

6. 总结答案：根据题目要求，给出最终答案。

相似题目

题目1：

某商店购进A、B两种商品，若购进3件A商品和2件B商品，共需要资金1200元；若购进5件A商品和3件B商品，共需要资金1900元。求A、B两种商品每件的进价。

题目2：

某工厂生产甲、乙两种产品，生产1件甲产品需要2小时，生产1件乙产品需要3小时。工厂每天工作不超过15小时，且每天至少生产5件产品。求工厂每天生产甲、乙两种产品的数量范围。

题目3：

某书店购进小说和散文两种书籍，购进2本小说和3本散文共需要资金150元；购进4本小说和5本散文共需要资金280元。求小说和散文每本的进价。

题目4：

某公司生产两种型号的机器，A型号每台利润为500元，B型号每台利润为800元。公司每天生产不超过20台机器，且每天至少生产10台机器。求公司每天生产A、B两种型号机器的数量范围，使得总利润最大。

题目5：

某农场种植小麦和玉米，种植1亩小麦需要资金300元，种植1亩玉米需要资金400元。农场有资金不超过12000元，且至少种植20亩作物。求农场种植小麦和玉米的亩数范围。

用 AI 整理数学必背公式

随着时间的推移，一些数学公式可能会在人们的记忆中逐渐淡忘。然而，运用 AI 技术，能够高效地梳理和整合数学公式，帮助人们系统地记忆。这不仅意味着可以查找、回顾和掌握复杂的公式原理，更能够搭建起知识图谱，将各个公式间的关联性以可视化的方式清晰呈现。

（1）打开 https://yiyan.baidu.com/ 网址，注册并登录后进入文心一言的主页界面，在文本框内输入"初中数学必背公式"指令，如下图所示。

（2）单击 "" 按钮发送指令，文心一言将根据问题罗列初中数学必背公式，结果如下图所示。

初中数学涉及众多重要的公式和定理，以下是其中的一部分必备公式：

1. 代数部分：

- 平方差公式：$a^2 - b^2 = (a+b)(a-b)$
- 完全平方公式：$(a \pm b)^2 = a^2 \pm 2ab + b^2$
- 一元二次方程求根公式：$x = \frac{-b \pm \sqrt{b^2 - 4ac}}{2a}$

2. 几何部分：

- 圆的周长公式：$C = 2\pi r$
- 圆的面积公式：$S = \pi r^2$
- 矩形面积公式：$S = a \times b$ (其中a和b为长和宽)
- 三角形面积公式：$S = \frac{1}{2} \times 底 \times 高$
- 勾股定理：$a^2 + b^2 = c^2$ (其中c为直角三角形的斜边)

3. 三角函数部分 (通常在初中后期或高中初期学习)：

- 正弦：$\sin\theta = \frac{对边}{斜边}$
- 余弦：$\cos\theta = \frac{邻边}{斜边}$
- 正切：$\tan\theta = \frac{对边}{邻边}$

4. 概率与统计部分：

- 事件概率公式：$P(A) = \frac{事件A发生的方式数}{所有可能的方式数}$
- 期望公式：$E(X) = \sum x_i p_i$ (其中x_i是随机变量X的可能取值，p_i是对应取值的概率)

（3）AI根据指令罗列了部分常用公式，所以在文本框内输入"补充初中数学公式"指令进行追问，结果如下图所示。

（4）在罗列的重点公式中找出自己的薄弱点，例如，在文本框内输入"方程与不等式相关知识点"指令，精准获取该方面的知识，结果如下图所示。

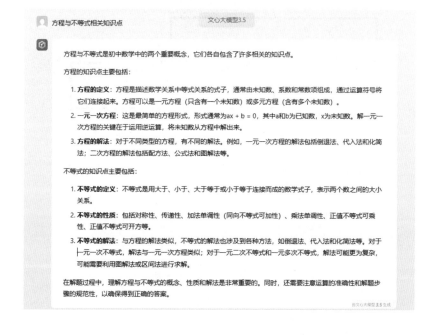

利用 AI 学习物理

用 AI 整理物理作图题

在学习物理时往往离不开作图。作图是将物理原理应用于实际情境的过程，可以帮助人们将抽象的物理概念和规律以可视化的方式呈现出来，使复杂的物理过程变得直观易懂。利用 AI 技术能够智能化地辅助物理作图，将抽象的物理概念和复杂的过程以直观的图像形式展现出来，帮助人们更好地理解物理原理和现象。

（1）打开 https://kimi.moonshot.cn/ 网址，注册并登录后进入 Kimi.AI 的主页界面，单击"🖹"按钮上传所需解析的图片，在文本框内输入"该图片中体验的电路知识点"指令，如下图所示。

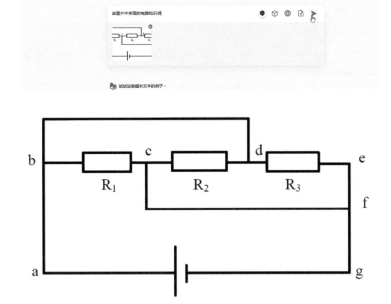

（2）单击"➤"按钮发送指令，Kimi.AI 将根据图片进行分析解答，结果如下图所示。

根据您提供的图片内容，电路图中展示了三个电阻器R1、R2和R3，以及一个电源和一个接地点。这个电路图体现了以下几个电路知识点：

1. 电阻器的表示

电阻器在电路图中用矩形符号表示，这是最基本的电路元件之一。电阻器用于限制电路中的电流流动，并且会消耗电能转化为热能。在电路图中，电阻器通常标有其阻值，例如R1、R2和R3。

2. 电源符号

电源符号通常表示为一个圆圈内有一个"+"号，代表电源的正极，而"-"号代表电源的负极。在您提供的电路图中，电源符号表示电路的供电部分，电流从电源的正极流出，经过电阻器，最终回到电源的负极。

3. 接地符号

接地符号（通常表示为一个带有水平线的垂直线）表示电路的参考点或公共电位点。在电路图中，所有的负极或公共电位点都会连接到接地点，以确保电路的稳定运行。

用 AI 讲解物理实验

物理实验让人们有机会直接地观察物理现象，使抽象的物理原理变得具体可见、可触摸，有助于人们形成深刻直观的认识。在日常学习过程中，由于条件限制，可能难以随时随地借助物理实验设备进行实践操作。然而，现今科技的发展已经使得这一难题迎刃而解。

通过 AI 模拟物理实验，可以使人们突破空间与资源的限制，模拟出常规实验难以实现或观测的复杂环境与场景。这种方式极大地丰富了人们的学习手段，提高了理解物理知识的效率。

（1）打开 https://wl.nobook.com/ 网址，注册并登录后进入 NB 物理实验室的主页界面，如右图所示。

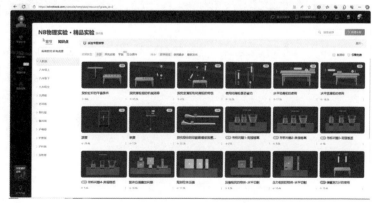

（2）根据年级教材选择想要进行练习的物理实验，选择"练习连接电路"选项，单击"去做实验"按钮，如下图所示。

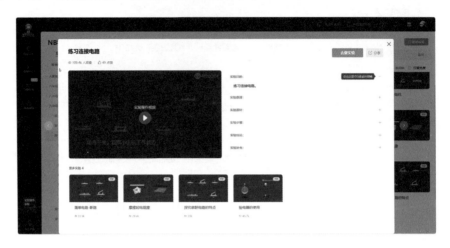

（3）默认布局中提供了小电机、蜂鸣器、开关、小灯泡和电池组等常用器材，也可以在右侧的器材搜索中选择器材进行添加，如下图所示。

（4）在器材的电极一端拖动鼠标即可生成导线，拖动鼠标即可将电路连接，单击开关位置闭合开关，小灯泡将亮起，如下图所示。

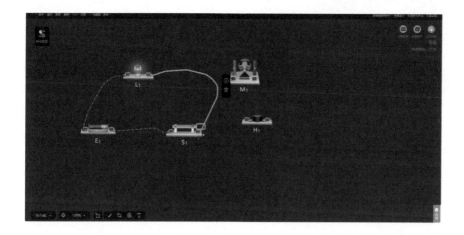

（5）将小电机或蜂鸣器接入线路，如果电路正常运行则表示实验成立，如下图所示。

用 AI 学习物理中常见的现象

生活中的物理现象是最直观的教学素材，能够引发人们对物理世界的好奇心和探索欲望，如日食月食、彩虹形成、磁铁吸铁、弹簧伸缩等，都是日常生活中蕴含深刻物理原理的实际例子。当人们在没有教师即时指导的情况下，想要深入理解这些现象背后的科学原理时，仅仅依赖网络搜索获取的信息，可能会由于专业术语或复杂解释而难以消化。

这时，人工智能技术就起到了重要作用，通过 AI 智能助手，可以将高深复杂的物理概念转化为通俗易懂的语言，帮助人们逐步解析和理解这些生活中的物理现象。

（1）打开 https://chat.deepseek.com/ 网址，进入 DeepSeek 默认对话页面，在文本框内输入文字指令，笔者输入的文字指令为"请帮我列出一些适合初中生掌握的生活中的物理现象，分析这些物理现象并解释其用到的相关原理，以及如何简单掌握这些物理现象"指令，如下图所示。

我是 DeepSeek，很高兴见到你！

我可以帮你写代码、读文件、写作各种创意内容，请把你的任务交给我吧~

请帮我列出一些适合初中生掌握的生活中的物理现象，分析这些物理现象并解释其用到的相关原理，以及如何简单掌握这些物理现象

◎ 深度思考 (R1)   ⊕ 联网搜索   🔗 ⬆

（2）单击文本框右下方的"⬆"按钮，即可生成生活中的物理现象及相关原理和掌握方法，如下图所示。

适合初中生掌握的生活中的物理现象及原理分析：

1.现象：自行车刹车时，为什么捏紧刹车把手就能停下？

原理：摩擦力。捏紧刹车把手，刹车片与车轮接触面积增大，摩擦力增大，阻碍车轮转动，从而使自行车停下。

掌握方法：观察自行车刹车结构，尝试用不同力度捏刹车，感受摩擦力大小与刹车效果的关系。

2.现象：为什么鸡蛋从高处落下会碎，而从低处落下却不会？

原理：重力势能和动能。鸡蛋从高处落下，重力势能转化为动能，落地时动能较大，鸡蛋容易破碎。从低处落下，重力势能较小，转化动能也小，鸡蛋不易破碎。

掌握方法：用不同高度进行实验，观察鸡蛋破碎情况，理解高度与动能的关系。

3.现象：为什么冬天穿羽绒服会感觉暖和？

原理：热的不良导体。羽绒服中的羽绒蓬松，含有大量静止空气，空气是热的不良导体，能有效阻止身体热量散失，起到保暖作用。

掌握方法：比较不同材质衣服的保暖效果，理解热传导的概念。

4.现象：为什么夏天扇扇子会感觉凉快？

原理： 蒸发吸热。扇扇子加速空气流动，加快皮肤表面汗液蒸发，蒸发吸热，从而降低皮肤温度，感觉凉快。

掌握方法： 在不同温度下扇扇子，感受凉快程度，理解蒸发吸热原理。

5.现象： 为什么筷子插入水中看起来像折断了一样？

原理： 光的折射。光从空气进入水中，传播方向发生改变，导致我们看到水中的筷子位置与实际位置发生偏移，看起来像折断了一样。

掌握方法： 将筷子插入不同透明液体中，观察折射现象，理解折射规律。

6.现象： 为什么雨后会出现彩虹？

原理： 光的色散。太阳光经过雨滴折射和反射后，分解成不同颜色的光，形成彩虹。

掌握方法： 用三棱镜模拟彩虹形成过程，理解光的色散原理。

如何简单掌握这些物理现象：

1.观察生活： 物理现象无处不在，要善于观察生活中的现象，并思考其背后的原理。

2.动手实验： 通过简单的实验，可以更直观地理解物理现象和原理。

3.查阅资料： 遇到不懂的问题，可以查阅书籍、网络等资料，寻找答案。

4.请教老师： 向老师请教，可以获得更专业、更系统的解答。

利用 AI 学习化学

用 AI 写化学方程式

化学方程式作为化学反应的书面表达形式，对于人们学习化学而言具有举足轻重的地位。然而，在掌握化学方程式的书写与理解过程中，往往会遇到各类挑战。

此时，可以使用 AI 工具进行辅助学习。AI 可以通过智能化的方式解析化学反应原理，指导人们正确配平方程式，揭示反应物与生成物之间的摩尔比例关系。同时，AI 还能实时检测并纠正化学方程式中的书写错误，提高学习效率。

（1）打开 https://chat.deepseek.com/ 网址，进入 DeepSeek 默认对话页面，单击文本框右下方的"⏚"按钮，在弹出的窗口中选择需要解析的方程式图片，并在文本框内输入"分析并判断该化学方程式是否正确，若不正确请给出正确的化学方程，并利用初中所学知识分析该方程式的原理"的指令，如下图所示。

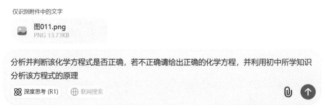

$$K_4Fe(CN)_6 + H_2SO_4 + H_2O = K_2SO_4 + FeSO_4 + (NH_4)_2SO_4 + CO$$

（2）单击文本框右下方的"⬆"按钮，即可生成关于上传方程式的分析判断以及方程式原理，如下页上图所示。

首先，我们来分析给定的化学方程式：

$$K_4Fe(CN)_6 + H_2SO_4 + H_2O = K_2SO_4 + FeSO_4 + (NH_4)_2SO_4 + CO$$

这个方程式看起来不正确。让我们逐步分析：

1. **反应物分析**：
   - $K_4Fe(CN)_6$ 是亚铁氰化钾。
   - H_2SO_4 是硫酸。
   - H_2O 是水。

2. **生成物分析**：
   - K_2SO_4 是硫酸钾。
   - $FeSO_4$ 是硫酸亚铁。
   - $(NH_4)_2SO_4$ 是硫酸铵。
   - CO 是一氧化碳。

3. **问题发现**：
   - 反应物中没有氮元素，但生成物中有硫酸铵 $(NH_4)_2SO_4$，这是不合理的。
   - 生成物中有一氧化碳 CO，但反应物中没有明显的碳源来生成一氧化碳。

4. **正确的化学方程式**：
   亚铁氰化钾与硫酸反应通常会生成硫酸亚铁、硫酸钾和氢氰酸（HCN）。正确的反应方程式应该是：
   $$K_4Fe(CN)_6 + 6H_2SO_4 = 2K_2SO_4 + FeSO_4 + 6HCN$$

5. **反应原理**：
   - 硫酸 H_2SO_4 是一种强酸，能够与亚铁氰化钾反应，生成硫酸钾、硫酸亚铁和氢氰酸。
   - 氢氰酸 HCN 是一种弱酸，具有挥发性。

总结：原方程式不正确，正确的反应方程式应为：

$$K_4Fe(CN)_6 + 6H_2SO_4 = 2K_2SO_4 + FeSO_4 + 6HCN$$

这个反应展示了强酸与亚铁氰化钾的复分解反应，生成了硫酸盐和氢氰酸。

（3）如果有不懂的地方，也可以通过指令追问；如果感觉此类方程式不好掌握，也可以通过指令总结掌握此类方程式的思路方法和技巧，部分内容如下图所示。

总结掌握此类方程式的思路方法和技巧

掌握化学方程式的思路方法和技巧需要理解化学反应的基本原理和规律。以下是一些总结的思路方法和技巧：

1. 理解反应类型

- **复分解反应**：两种化合物交换成分生成两种新的化合物。
- **置换反应**：一种单质与一种化合物反应，生成另一种单质和另一种化合物。
- **化合反应**：两种或多种物质结合生成一种新物质。
- **分解反应**：一种化合物分解成两种或多种简单物质。

2. 分析反应物和生成物

- **元素守恒**：反应前后各元素的种类和数量必须相等。
- **电荷守恒**：对于离子反应，反应前后的总电荷必须相等。

用 AI 掌握化学实验的方法

在复杂的化学实验中，由于步骤众多且易混淆，利用 AI 技术可以将复杂的化学实验流程进行智能解析与重构，将其转化为简洁明了、易于记忆的口诀或者顺口溜。这样一来，实验人员只需按照这些口诀进行操作，就能有效地避免因记忆疏漏而导致的步骤错误问题。

（1）打开 https://yiyan.baidu.com/ 网址，注册并登录后进入文心一言的主页界面，在文本框内输入"生成化学实验基本操作口诀，如碳酸中和反应"指令，如下图所示。

（2）单击""按钮发送指令，文心一言将根据指令生成化学实验的操作口诀，结果如下图所示。

以下是一些关于化学实验基本操作的口诀，包括碳酸中和反应的内容：

1. 碳酸中和反应口诀：
酸碱相遇中和成，碳酸盐遇酸置泡生。
中和反应热效应，盐和水来两分清。

解释：这个口诀描述了碳酸中和反应的基本过程。当酸和碱相遇时，它们会发生中和反应，生成盐和水。如果是碳酸盐遇到酸，会产生气泡（二氧化碳）。这个反应通常伴随着热效应。

2. 称量口诀：
左物右码要记清，镊子夹取砝平。
先大后小游码动，称量完毕要归零。

解释：在称量物质时，物品应放在天平的左侧，砝码放在右侧。使用镊子夹取砝码，并轻轻放在天平上。先加大的砝码，再加小的，最后调整游码。称量完毕后，要将游码归零。

3. 过滤口诀：
斗架烧杯玻璃棒，滤纸漏斗角一样。
过滤之前要静置，三靠二低莫记忘。

解释：进行过滤操作时，需要用到斗架、烧杯和玻璃棒。滤纸放在漏斗中，且滤纸与漏斗的角度要一致。在过滤之前，应让液体静置一段时间。在操作过程中，要注意"三靠二低"的原则，即烧杯紧靠玻璃棒、玻璃棒靠在三层滤纸上、漏斗下端口紧靠烧杯内壁；滤纸边缘略低于漏斗边缘、液面低于滤纸边缘。

4. 加热口诀：
先预热来后对准，均匀受热不留情。

用 AI 模拟化学实验

受制于客观现实条件的局限性，线下进行化学实验往往面临各种不确定因素。如今，利用 AI 技术来模拟实现虚拟化学实验成为可能。这种虚拟模拟化学实验不仅能够突破时空限制，让人们随时随地进行操作演练，而且能确保实验的安全性，避免了真实实验中可能产生的危险化学品接触与环境污染等问题。通过高度仿真的交互设计，人们能够在模拟实验过程中深入理解化学反应原理，直观观察到各种化学变化过程，提升学习效果。

（1）打开 https://hx.nobook.com/ 网址，注册并登录后进入 NB 化学实验的主页界面，如右图所示。

（2）在其中选择"加热高锰酸钾制作氧气和氧气的性质"选项，单击"去做实验"按钮，如右图所示。

（3）选中实验布局中的器材图形便可以拖动其位置，做好前期准备工作后，单击高锰酸钾瓶的橡胶塞位置开瓶，拖动药匙到瓶口位置即可选择提取克数，如下图所示。

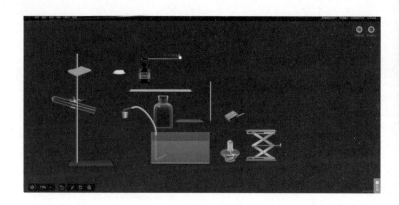

（4）将高锰酸钾颗粒倒入试管内，拖动实验器材到合适位置，拖动打开酒精灯，单击火柴拖动至酒精瓶位置将其点燃，如右图所示。

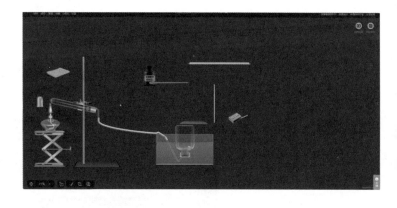

（5）此时自动开始化学反应，等待氧气收集完成后，将小木条点燃，拖住小木条晃动鼠标将其熄灭，然后插入集气瓶中，小木条复燃则完成实验操作，如右图所示。

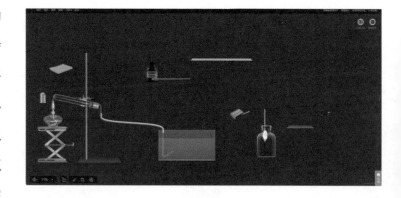